ROYAL HORTICULTURAL SOCIETY

# PRACTICAL HOUSE PLANT BOOK

# DK 英国皇家园艺学会家居植物实用百科

〔英〕弗兰·贝利（Fran Bailey）〔英〕齐娅·奥拉维（Zia Allaway）—— 著

王晨 ——— 译

RHS顾问：〔英〕克里斯多夫·扬（Christopher Young）

海峡出版发行集团 | 海峡书局

THE STRAITS PUBLISHING & DISTRIBUTING GROUP

# 目录

# 前言

科学已经证明了这一点：家居植物能让我们更加健康和快乐。既然研究表明植物可以净化空气、振奋情绪和解压，那么我们就完全有理由在家里摆上各种形状、大小和色彩并令人感到幸福的神奇植物。

植物的种类如此丰富多彩，每个人都能找到自己心仪的那一种（或者二十种）：优雅盛开的兰花；小巧玲珑的仙人掌和多肉；雅致的蔓生植物；立在地板上的棕榈和其他观叶植物……这个清单可以拉得很长。将每处可用空间都填上随便哪种绿植，这样的冲动是难以遏制的，但是，要想打造效果最好的家居植物陈设就要深入一步：无论是舒适温馨的小绿洲，还是令人过目难忘、极为风格化的植物陈设，都要经过深思熟虑的巧妙安排，为家里营造出某种氛围。

我们无法将自己的家变成一应俱全的植物园，所以我们更需要开拓思路。光照不佳？那就寻找对环境不那么挑剔的观叶植物，如可以在背阴处生长的一叶兰或者虎尾兰。没有足够的平面空间？那就在玻璃容器里种植一座微型花园，或者干脆另辟蹊径，用编绳吊篮和苔藓球创造一座悬垂式花园。

当你布置完绿意盎然的房间后，如何让你的植物保持最佳状态呢？这本书会教你如何养护你选择的那些植物，令它们保持健康和强壮；教你采集插穗并种植，或者送给朋友和家人。精心照料你的植物吧，无论种植规模是大是小，在未来的岁月里，你都将收获一座令人赏心悦目的室内花园。

# 家居植物设计

# 家居植物设计的艺术

就其本身而言，一株植物就只是一株植物，如果再增添一株，就变成了陈设。但是和随便挑选不同，经过认真设计的陈设效果是引人注目的，能够充分营造生活空间的气氛。那如何才能做到这一点呢？答案就是：利用下面四种设计元素，在你的植物之间创造视觉联系。

## 尺度 14至17页

利用大小和比例进行陈设。用同样大小的植物制造平衡感和对称感，或者用不同大小的植物吸引目光，制造流畅感和动感。

## 形状 18至21页

形状相似的植物可以创造美丽、自然的画面，形状差异较大的植物可以用来打造具有反差感的陈设。

"从每个角度想象你的设计，仿佛它

是一件三维活体雕塑。"

## 颜色 22至25页

不同颜色相互作用可以产生很棒的效果。利用色彩搭配寻找柔和、协调的色调，或者构建更加生动和富于反差的配色方案。

## 质感 26至29页

植物的质感除了触觉之外，还可能产生视觉上的吸引力，因为它决定了叶片如何与光线相互作用。混合并搭配不同质感的植物，为陈设增添深度。

# 家居植物设计的原则

　　如何设计你的家居植物陈设,这取决于你的个人风格、想象力和可以利用的空间。这么多变量会带来无穷无尽的可能,但是要让你的陈设获得成功,需要遵循以下几条关键原则。

## 1 养护在先,风格在后

健康的植物才是美丽的。在设计某个特定空间时,一定要选择适合该空间的光照、温度和湿度条件的植物。要是花费时间把植物摆放出了完美的效果,最后却只能看着它们因为不适应所处的环境开始萎蔫,就太得不偿失了。

## 2 自然思维

学会从自然中寻找灵感。思考一种植物在野外的生长地点和方式,然后尝试在你的陈设中模拟这些条件。所以,如果一种植物在潮湿半阴的森林地被欣欣向荣,那就为它找一个环境相似的地方。如果它从高处的树枝上蔓生下来,那就将它放置在垂吊容器内。如果它生长气生根而不需要基质,那就在你的陈设中把这点考虑进去。无论植物所处的自然环境是什么样,都可以用它们启发你的灵感。

## 3 协调与反差

3 在协调和反差的设计特点之间取得平衡。熟悉家居植物设计的四项元素（见第10—11页），然后按照需要，实现这些元素间的协调或反差，达到你想要的效果。协调可以创造一种平衡、统一的外观，反差则可以为陈设增添趣味和活力。

## 尺度的协调

选择尺度一致或近于一致的植物并将它们摆放在一起，创造一种高度秩序化的经典陈设。大小和比例的重复创造出一种协调的模式，打造整体感和简洁感。如果这种重复做得过头，就会变得沉闷；但是如果有节制，它将打造秩序感和韵律感。

# 理解尺度

简言之，尺度指的是物体的相对大小和比例。一株植物可大可小，但它与相邻植物或物体的关系决定了它的尺度。对于任何成功的设计而言，比例都很关键。例如，把一株小小的仙人掌和一棵垂叶榕放在一起，绝对不成比例，大小失调。把握好尺度，你就可以在陈设的植物之间创造有趣的关系。

### 什么是尺度？

尺度描述了你的植物彼此之间的相对大小。它和比例有紧密的关系，后者描述的是你的植物在整体陈设中所占的大小。大小相似的植物在尺度上是协调的，而高低不等的植物在尺度上形成反差。尺度是相对的：任意两株植物可以拥有同样的尺度反差，只要它们保持同样的比例。

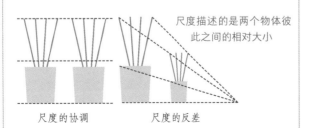

尺度描述的是两个物体彼此之间的相对大小

尺度的协调　　　尺度的反差

琴叶榕

"你的植物彼此对比之
下的大小如何？"

## 尺度的反差

当植物的比例相称但大小不同时，目光会从
一株植物转移到另一株植物上。与协调的陈
设相比，这种关系中的静态感减少，动态感
增加。一种从小物体到大物体的运动感，会
将目光引向群体植物的主视觉上，与此同时
保持比例，令这种关系不会破裂。

金琥

"让植物陈设的尺度与你的空间保持恰当的比例，以创造平衡感。"

# 尺度设计

你想在自己的空间创造什么效果？你想要重复、协调的规则模式，还是用不规则但引人注目的安排创造出反差和动感？你可以将视线向上或向下引导，屏蔽或定义空间，或者只是利用植物的比例营造出正式感或随意感。

## 运用尺度的协调进行设计

你可以使用同样尺度的植物呼应和强调生活空间中已有的样式，如窗台的对称性，或是一组错落有致的台阶。在陈设中保持同样的尺度并在其他设计元素中制造差异，创造出一种协调感，令你的植物成为统一的整体。

1. 这三株肯蒂亚棕榈均匀一致的外观和台阶的层次相得益彰。

2. 这三株极为不同的蔓生植物因其尺度的协调而被赋予了凝聚力（从左至右：玉缀、翡翠珠、丝苇）。

## 运用尺度的反差进行设计

将不同大小的植物摆放在一起，这样做可以操纵视线，产生一种运动感。也许你想沿着窗台或桌面让植物倾泻而下，或者用高度给人留下印象，或者将目光引导至特定空间。利用尺度的反差在你的植物之间创造一条视线，将注意力吸引到你布置的群体植物的主视觉上。

1. 越来越高的一组凤梨沿窗台制造了一条引起观者兴趣的视线，末端则使用了一株较小的凤梨，调皮地挑战了一下秩序。

2. 小小的镜面草与高大的龟背竹在尺度上的极端反差被这株中等大小的琴叶榕中和，它统一并平衡了这处陈设。

1

2

1

2

## 形状的协调

一排同样的植物品种或者形状类似的植物，会创造出协调的样式。形状的重复提供了一种秩序感和对称感。没有任何一株植物会占据主导地位，所以整体效果是统一且简洁的，群体内的所有植物都拥有相仿的视觉比重。

# 理解形状

虽然每种植物都有自己独特的生长习性，但大多数种类都有某种特定的生长形状，你可以利用这些形状为你的植物陈设设定轮廓。从动态十足的倾泻而下到强调秩序感的对称样式，你可以创造出多种效果。

高大挺拔的光棍树

### 什么是形状？

每棵家居植物都是独一无二的，被它所处的环境和它的天然形态同时塑造，没有任何两棵植物拥有完全相同的轮廓。然而，某些形状在多种类型的家居植物中经常出现。在辨识你的植物轮廓时将它们用作参照吧：

莲座状

蔓生状

高大、挺拔、
参差不齐

圆顶状

无条理，狂野的

高大挺拔的虎尾兰

## 形状的反差

使用一系列不同的形状创造出运动感，并沿着植物陈设的特定方向吸引注意力。可以使用多样化的形状创造一种冒险感和紧张感，根据不同植物相互作用的方式确定植物群体的视觉重心。

高大挺拔的芦荟

蔓生的丝苇

"将你的植物挪动位置，重新摆放几次，直到你对它们在陈设中创造出的自然的流动感满意为止。"

# 形状设计

　　利用植物的形状构建和打造植物陈设，为你的生活空间提供真正的视觉冲击力。通过重复使用1—2种形状鲜明的植物建立陈设模式，或者使用形态不同的植物打造出独特的轮廓，把目光吸引到整个设计上来。要想让你的陈设得到控制，应该经常修剪植物，令它们保持现有形状（见第194—195页）。

### 运用形状的协调进行设计

在对称设计中，形状的重复会创造一种冲击力和秩序感。使用轮廓强烈、清晰的植物，如拥有高大形状或者圆顶状的植物，并将陈设限制在1—2个品种，以建立秩序感和控制感。

1

2

1.这些虎尾兰和芦荟拥有同样高大挺拔的形状，创造出强有力的对称效果。

2.这些秋海棠虽然颜色对比鲜明，但它们互相匹配的形态将此处陈设统一起来。

3.金钱麻植株不断重复的圆顶将视线吸引到桌子远端。

# 运用形状的反差进行设计

使用多种形状类型打造的不对称陈设可用于重新定义一处空间。利用不同植物的独特视觉特征创造流动、有机的设计，但是要让它受到控制：设计的轮廓应该引导视线掠过整个陈设，中间的衔接恰到好处，而不会遇到任何打断视线流动的明显、不规则的空隙。

1.三株微型多肉植物依偎在另外三株更大的多肉植物中间，构成有变化但又强烈统一的群体效果。

2.高大的龟背竹和蔓生的绿萝拥有对比鲜明的形态，创造出一种流动、不对称的设计，并由群体中的中型植物结合起来。

1

2

# 理解颜色

在自然界，有许多不同的颜色供你使用。颜色有改变情感的功效：作为植物设计中的主导色，绿色令人宁静，抚慰人心；红色和橙色令人感受到温暖和能量；白色象征着纯洁和平静。使用它们为你的空间烘托气氛吧。

## 颜色的协调

将色彩范围限制为同一种颜色的不同色度，会打造出秩序感和控制感。将植物配置限制到色环上如此狭窄的范围内，还可以营造一种平静的氛围。将色环上毗邻的颜色如淡蓝色或柔黄色混合在一起可以改变节奏，但不会打破整体的平衡。这些颜色仍然彼此融合并达成协调的效果，从而保持简洁感。

### 什么是颜色？

孤立的颜色和组合搭配的颜色效果不同，下面的色环展示了这些关系是如何发挥作用的。在红色、黄色和蓝色三原色之间，是由它们组合而成的所有颜色（例如，绿色位于蓝色和黄色之间，由二者组合而成）。离中央越近，颜色变得越浅，而在远离中央的地方，颜色变得越深。

**色环**
展示了所有颜色，以及它们的色度和色调。

**邻近色**
效果协调，因为它们拥有相同范围的色度和色调。

**对比色**
可以制造反差和活力。

黄绿色　　　　蓝绿色　　　蓝紫色

## 颜色的反差

使用色环上相对的颜色，如红色和绿色，黄色和紫色，能够立刻为植物陈设增添能量。想要得到更微妙的效果，尝试使用三种均匀分布在色环上的颜色（如绿色、橙色和紫色），虽然仍有反差，但这种配色不如直接相对的两种颜色反差强烈。

"大自然提供多种奇妙的色彩，供你创造专属于你的调色盘。"

# 颜色设计

　　颜色挑动情感，所以你可以根据想营造的氛围来设计植物配置：想要宁静感，则尝试绿色和白色；想创造充满动感的陈设，就融入烈火般的橙色和红色。冷色调还可以制造一种空间感，而暖色调令人感到温馨舒适。

## 运用颜色的协调进行设计

想要创造宁静、有秩序的配置，植物应该在颜色上彼此巧妙融合。全部使用绿色的方案是讨巧的，但是为了避免单调，你也许需要加入其他元素。将配色范围扩展到相近的颜色，可以让你在保持宁静和秩序的同时营造出更多样的氛围。冷色调通常带来一种空间感。

1. 紫色的花和叶片让这个由不同植物构成的群体显得十分协调，创造出一种柔和又友好的氛围。

2. 这处小型多肉植物陈设创造出一系列柔和的绿色，从伽蓝菜属植物泛红的绿色到带有白色斑点的松之雪。

3. 与背后的琴叶榕搭配时，披针叶竹芋带有花斑的叶片显得颇为有趣。

2

3

"颜色是一种强大的工具，它能影响人的感受，并营造出特殊的气氛或心境。"

## 运用颜色的反差进行设计

暖色调可以让空间显得更亲密。它们与绿色直接形成反差，因此它们还为植物陈设增加了戏剧性。用暖色调将视线吸引到你的植物陈设上或者在你的植物之间创造鲜明且充满活力的关系。

1. 蝴蝶兰的鲜艳橙色在陶土花盆上方慢慢升起，成为这处陈设中的视觉焦点。

2. 使用少数红色品种制作空气凤梨展示盒。

3. 在这处设计中，粉色和绿色的反差营造出欢快的气氛。

# 理解质感

虽然质感可以是一种微妙的设计特征，但是它为植物陈设提供了至关重要的感官要素。植物表面的质感决定了它如何与光照和阴影互动，这会让它呈现出独特的效果。例如，丝绒般的叶片看上去十分柔软且有哑光效果，而带光泽的光滑叶片就显得脆硬、明亮、轮廓分明。

### 什么是质感？

质感描述的是植物的质地，它与光照和阴影互动时产生的效果。虽然质感增添的似乎是触觉维度，但它应该首先被当作一个视觉设计元素：某些植物，如黄毛掌也许看起来很柔软，但你肯定不想触摸它表面那些细小的刺。

如羽毛般柔软

丝绒，哑光

饱满，肉质

光滑，有光泽

多刺，粗糙

## 质感的协调

当把质感相似的植物摆放在一起时，即使存在任何其他视觉上的差异，如颜色或大小，光线和阴影在它们的叶片上制造的效果也会是一致的，令这些植物之间产生关联。这种关联令植物陈设统一起来，创造出平衡的整体，并传达出一种简洁感。

丝苇

"植物叶片的质感又为你的陈设增添了一个维度。"

金钱麻

黄毛掌

钱串

## 质感的反差

强烈的质感反差创造戏剧性和趣味性。反差越强烈，每种植物作为个体的存在感就越强烈。例如，有光泽的叶片看上去干净利落，而如羽毛般柔软的叶片则拥有好像野生的不规则外表；多肉植物拥有饱满的肉质叶片，仙人掌则是扎人的刺状叶。

"拥有轻盈羽状叶片的植物承担的视觉比重小于叶片更加厚重的植物，所以要让这两种不同的质感达到平衡，你需要在陈设中多添加一些前者。"

# 质感设计

质感是植物陈设中挑动情绪的关键。丝绒、光滑、羽状、多刺：对质感的选择将为你的植物配置以及你的植物将要占据的空间的气氛设定基调。如何通过协调来强化这种质感或者如何令它与某种不同的质感形成反差，都将赋予你的设计以焦点。

## 运用质感的协调进行设计

当一群植物按照相同的方式和光照互动——吸收或者反射光线，提供相似的光影质感模式时，它们会形成一种统一感，令群体中的组成部分凝聚成一个整体。在其他形成反差的元素的衬托下，经过深思熟虑组合出相似质感的植物可以产生趣味，不过太多重复也会显得单调。

1. 将形状不同但同样有光泽的金钱树（左）和椒草（右）配对，创造出一种强烈的联系，这种联系还被同样有光泽的相似花盆加强。

2. 龙神柱（左）和鼠尾掌（右）在许多方面都形成反差，但类似的多刺质感让它们显得颇为协调。

3. 一群看上去仿佛是随机搭配的空气凤梨被它们相似的质感塑造出了统一性。

4. 质感可以协调有反差的配色，令两株紫色的紫鹅绒（上和下）与拟石莲花属多肉植物（左）和伽蓝菜属植物（右）联系起来。

## 运用质感的反差进行设计

将多种质感聚集在一起会制造兴奋和紧张感，因为每种质感都会为陈设带来不同的气氛。但是需要精心平衡不同质感之间的关系，以免最终效果只是单纯的混乱。光照和阴影应该在整个设计中发挥作用，要让观者的目光落在反差上，但也能看到对比中存在的规律性变化。

1. 肉质饱满的多肉植物与可爱的苔藓构成了有趣的反差。多肉植物的丰满被灰藓和鹿蕊的纤巧衬托得更加明显。

2. 金水龙骨的叶片拥有较为粗糙和更有分量的丝绒质感，被更柔软和更优雅的波士顿蕨（左）以及叶片秀丽的楔叶铁线蕨（右）夹在中间。

1

2

3

4

1

2

# 理解容器

　　花盆的选择是任何家居植物陈设中不可或缺的一部分。普通花盆可以为你的植物提供统一的背景，而拥有一至两种设计元素、更加醒目大胆的容器本身就可以成为视觉焦点，并能突出植物的特点，与植物一同融入周围的环境。

## 尺度

容器在尺度上的变化可以改变相同植物之间的关系，而同一尺度、互相匹配的容器可以将一群不同的植物统一起来。

## 形状

容器的形状可以与植物的生长习性相协调，呼应并强调植物的天然形状，或者与之形成反差，产生戏剧性。

"就像和你最喜欢的一身衣服搭配起来的饰品一样，容器为你的家居植物陈设增添了非常重要的装饰细节。"

## 颜色

## 质感

容器上的颜色和图案可以用来强调植物的特点。条纹可以呼应条纹，颜色可以衬托颜色，强调植物身上某种原本微妙的色彩。

容器的表面可以和植物叶片的质感相得益彰，或者直接形成鲜明的反差，令人玩味植物陈设中的差异。

"想要打造吸引眼球的植物陈设，就去古董店寻找有趣又不同寻常的容器吧。"

# 容器设计

在容器的选择上来点儿冒险精神！几乎任何东西都可以用作容器或者套盆。除了普通的花盆和玻璃容器，试试为破旧的家庭物品找到新的用途，布置出令人称奇的植物陈设。

1. 这个古朴的白色托盘与在其中展示的空气凤梨的粉尘状表面形成了和谐的效果。

2. 玻璃容器可以展示一整座微型花园，让人能够从不同角度欣赏它。

3. 这些玻璃小饰品可以作为悬挂式容器，种植蕨类和蔓生植物。

4. 尝试在玻璃罐中种植春季开花的球根植物，随着它们的生长可以展示其根系。

5. 在干净的罐头盒底部增添排水孔，得到一个醒目的仙人掌容器。

6. 复古风格的水壶可以成为一株兰花的有趣套盆，增添装饰效果。

7. 固定在墙壁上的容器将这两株鹿角蕨变成了鲜活的艺术品。

8. 这些经典的现代容器和拟石莲花属植物的外表直接形成了鲜明的反差。

1

2

3

4

5

6

7

8

**运用你的想象力**

只要发挥一点儿创意，几乎任何东西都可以用于植物陈设。这些混搭的玻璃容器不仅与这些多肉植物的颜色相互协调，还展示出它们的基质和根系。

# 明亮环境的植物陈设

如果你足够幸运，家中有许多光线充足的地方（见第180—181页），一定要利用好这个条件，喜阳植物能打造出令人赞叹的植物陈设。用茂盛的悬吊植物从上到下填满一扇空荡荡的窗户，或者在天窗下创造一座悬垂式花园。只需记住，你选择的植物必须能够承受它们即将接受的光照强度（见植物简介章节，第101—175页）。

1

1. 将不同大小和形状的喜阳植物结合在一起，创造出最充分地利用明亮光照条件的窗台植物陈设。

2. 在避开直射光的明亮区域，用于繁殖的插穗（见第96—99页）可以创造出漂亮且实用的陈设。

3. 将万代兰（见第115页）悬挂在窗前展示其根系，这种植物可以不需要基质。

4. 在野生环境中，许多兰花从高高的树枝上蔓生下来。作为模拟，可以将它们悬挂在无阳光直射的天窗下。

5. 这处色彩缤纷的多层兰花陈设用鲜花填满了一扇小窗户。

6. 悬挂的香草种植容器是对厨房窗户的有效利用。

4

2

3

5

6

# 低光照环境的植物陈设

　　即使你家没有大量明亮的阳光，也无须感到绝望。很多植物更喜欢半日照，有些种类甚至能在半遮阴区域欣欣向荣（见第180—181页），因为很多植物原本就生长在林冠之下的低光照环境中。在为低光照环境设计时以此为灵感，用茂盛的绿叶在你的生活空间里打造一片仿若林地的景观。

1. 有光泽的硕大叶片和沿着墙壁整枝向上的攀缘植物为都市中的家带来一抹丛林气息。

2. 在自然环境中生长在浓密林冠之下的兰花对低光照条件非常适应，如这株蝴蝶兰。

3. 这处林地植物的小型陈设将在半日照/半遮阴环境下欣欣向荣（从左至右：金水龙骨、金钱麻、凤尾蕨）。

4. 将一碗潮湿的卵石摆放在拥有茂盛羽状叶片的森林蕨类旁，让它们看起来水润新鲜（从左至右：鳄鱼蕨、波士顿蕨）。

5. 利用开花植物和花叶植物（如中间这株竹节秋海棠的叶片），为低光照环境中的植物陈设增添几许色彩。

# 高湿度环境的植物陈设

　　大多数喜湿植物需要经常喷水和照料，但是如果将它们放置在现成的高湿度空间中，就能令它们繁茂生长，何乐而不为呢？让湿度为你所用，并在设计时敢于冒险：将厨房变成一片丛林，或者用墙壁绿化和植物陈设占领浴室，在这些地方，蒸汽将自动为喜湿植物加湿。

1. 增添一株喜湿的黑叶观音莲，与浴室中摆放的鲜艳凤梨形成反差。

2. 在家中的潮湿区域打造一座由苔藓球组成的悬垂式花园（见第76—79页）（从左至右：波士顿蕨、吊兰、凤尾蕨）。

3. 一株蔓生的爱之蔓锦为浴室台面增添了气氛。

4. 利用潮湿地点，令羽状叶片保持茂盛和新鲜（从前至后：金钱麻、楔叶铁线蕨、翡翠珠）。

5. 空气凤梨会吸收空气中的水分，所以将它们摆放在湿润房间里的铁丝架或观赏架上（见第56—59页）。

6. 食肉植物喜欢湿润、涝渍的环境，所以会在潮湿的空间里生长得很好。

2

3

5

6

# 空间设计

　　任何生活空间都能为家居植物陈设的创意提供大量机会，无论面积大小。如果你没有可用平面，则可以在头顶上方悬挂植物。如果你的墙壁光秃秃的，则可以不挂画，而是安装摆放植物的搁板。只要发挥一点想象力，你就能找到越来越多将任何空间改造成室内绿洲的方法。

1

1. 如果你想将非蔓生植物盆栽挂在天花板上，就选择从下面看起来也很美观的装饰性容器。如果你家天花板有椽，可以将攀缘植物挂在上面，让枝叶向上并沿着房梁生长。

2. 攀缘植物不仅适合户外花园，你还可以将它们用到室内墙壁上，填充空荡荡的空间。

3. 在一组高高的架子上摆满一系列精心挑选的植物，打造你自己的"绿色图书馆"。

4. 将若干茂盛的悬吊植物聚集起来，用它们的枝叶打造一片"有生命的帘子"。

5. 在微小空间里，使用玻璃容器（见第64—67页和第84—87页）创造一座微型花园。将它的高度设置到与视线平齐的位置，以便近距离欣赏细节。

6. 在设计植物陈设时，几乎任何空间都可以利用。例如，楼梯能在视平线高度展示你的植物，当你从楼梯下来后，植物还会出现在视平线上方。

4

2

3

5

6

# 为幸福感设计

视觉上的美绝对不是家居植物陈设的全部。植物并不只是装饰物：它们能够降低我们的压力水平，在家中弥漫香气，甚至将有害污染物从我们呼吸的空气中清除出去（见第46—47页）。按照下面的建议，最大化发挥植物的优势吧。

## 植物如何发挥作用

多项研究表明，在家或办公室等室内空间摆放植物，可以对人的心理产生实实在在的好处。在植物的陪伴下生活和工作了一段时间后，参与研究的对象发现，平均而言：

· 他们的心情变好了；

· 他们感到压力减轻了；

· 他们感觉工作更有效率了；

· 他们的注意力持续时间延长了（部分研究表明）。

## 为正念设计

现代生活并不总能提供充分享受户外大自然的机会，尤其是对于那些生活在城市环境中，不经常走进公园或林地的人来说。研究表明，在充满植物的环境中生活和工作可以显著改善心理健康。在你的家中四处特别是在你停留时间最长的地方增添绿意，可以为日常生活空间营造一种更加宁静的氛围。尤其需要在任何朝向建筑用地的窗边摆放植物，将自然引入你的视野。

1. 当接触自然的机会有限时，充满植物的家可以大大改善心理健康。要想得到最好的效果，可以用各种叶片创造一片直达房梁的室内丛林，以此提振你的精神，改善你的情绪。

## 为感官设计

芳香的家居植物可以为任何植物陈设增添额外的感官维度。在一年当中最幽暗的日子，我们常常将球根植物和其他有香味的植物引入家中，提醒我们春天的景色和气味即将到来。将它们摆放在门厅处，用鲜艳的花和芳香的气味迎接到家的人，或者放置在一扇门的旁边，让你每次经过时都闻到一股淡淡的香味。

1. 耐莉艾斯勒兰（左，Nelly Isler）和长萼兰的花都散发一种芳香。

2. 在为了香味进行植物陈设时，多花黑鳗藤是经典之选。

3. 当你从百里香旁边经过，摩擦到它的叶片时，它会散发出一种强烈的香味。

4. 将有香味和无香味的植物结合起来，得到规模更大的植物陈设，而不产生过于浓烈的香味（从左至右：白鹤芋、有香味的球兰、有香味的仙客来）。

5. 在冬天对葡萄风信子的球根进行催花（见第198—199页），收获香味和色彩。

## 为净化空气设计

除了可以改善心情，家居植物甚至还能改善我们的身体健康，因为它可以过滤空气中的有害污染物，包括甲醛和苯。

这些化学物质存在于许多日常用品中，包括化妆品、室内装饰和清洁剂，随着时间的推移，它们会渐渐释放到空气中，并在通风不良的建筑内部积累。在足够高的浓度下，这种受到污染的空气会让人感到头痛和疲倦，并对眼睛、鼻子和喉咙造成刺激。

幸运的是，家居植物可以帮助我们解决这个问题。研究表明，植物能够从室内空气中过滤这些污染物，因为它们会在呼吸过程中吸收这些化学物质，让空气变得更清洁，更适合我们呼吸。在你家里摆上几十株净化空气的植物，还有什么比这更好的理由呢？

白鹤芋

千年木

粗肋草

吊兰

**用于净化空气的最佳植物**

虽然大多数植物在一定程度上可以净化空气，但某些种类能更高效地清除空气中的特定化学物质。它们包括：

**清除甲醛**
· 白鹤芋
· 粗肋草
· 棕竹

**同时清除甲醛和苯**
· 吊兰
· 千年木
· 虎尾兰
· 橡皮树
· 波士顿蕨
· 绿萝
· 香龙血树
· 金钱树

**清除苯**
· 燕子掌
· 一叶兰
· 花叶万年青
· 肯蒂亚棕榈

橡皮树

虎尾兰

燕子掌

**"室内"桃源**
当你可以在室内创造一片绿
意盎然的小天地时，谁还需
要户外花园呢？这个枝叶茂
盛的陈设方案使用了提振精
神、净化空气的家居植物，
占据了每处可用空间。

# 家居植物造景

# 荒漠景观

将你的仙人掌和多肉植物一起种植在同一个容器中，这是充分展示它们不同个性的好办法。容器不一定很深，因为仙人掌的根系较浅，但是要确保它排水良好。如果你的容器没有排水孔，在基质下面铺设一层沙砾则有助于防止涝渍。

## 你需要什么

### 植物

· 几种仙人掌，如黄毛掌、金琥，多肉植物，以及养护需求类似的其他植物，如棒叶虎尾兰

### 其他材料

· 装饰性浅容器，最好有排水孔
· 细沙砾
· 活性炭
· 仙人掌基质
· 卵石和小石头，用于装饰

### 工具

· 小托盘，用于浇水
· 勺子或小铲子
· 挖洞器
· 保护手套
· 小毛刷，用于清扫尘土

**1** 给仙人掌和其他植物浇透水，方法是将它们放进装有水的小托盘。浇水有助于根系与新基质良好接触。

**2** 在容器底部倒一层沙砾。混入几勺活性炭，防止真菌滋生。然后再均匀地铺一层仙人掌基质。

**3** 将植物连同花盆一起摆放在基质表面，直到你对它们的位置感到满意为止。留出充足的生长空间。记住你打算将它们种在什么地方，然后撤去植物。

**4** 选择其中一株植物。用挖洞器在基质中挖出一个大小足以容纳根坨的洞。戴上手套，将它从花盆中取出，轻轻梳理根系，去除多余的土壤。对其余植物重复这一步骤。

**5** 用勺子盛满基质，小心地填补植物之间的空隙。用勺背或挖洞器向下轻轻压实基质。

**6** 用卵石和小石头装饰基质表面。

## 如何养护

**温度**: 10—30℃
**光照**: 全日照/夏季半日照
**湿度**: 低
**养护**: 容易

**浇水**: 当基质完全变干时再给仙人掌浇水。这通常需要3—4周，具体取决于你的生活空间的环境。让水完全浸透基质，但注意不要过度浇水，尤其当你的容器没有排水孔时，否则容易烂根。10月至次年3月，控制浇水。

**养护和照料**: 用柔软的毛刷轻轻拂去卡在植物刺中的基质颗粒。春季至秋季，将它们放置在阳光充足的窗台上；夏季，将它们搬到距离窗户稍远的地方，此时的热量可能过于强烈。当心冬季的气流，如有必要就将它们搬到别的地方。

# 空气凤梨观赏架

没有根的空气凤梨没有土壤也能良好生长。在野生环境中，它们紧紧地贴在岩壁表面，或者从高处的树枝上垂下。可以将它们种植在木质观赏架上，呼应其自然习性。这种观赏架可以舒适地展示数种空气凤梨，不需要使用胶水或铁丝进行固定。

## 你需要什么

**植物**

· 装饰性苔藓和地衣
· 若干形状、颜色和大小不一的空气凤梨品
  种（见第174—175页）

**其他材料**

· 未经处理的粗糙木块，最好带有大量裂缝
  和空洞，如浮木、葡萄木、栓皮或树蕨
· 小树枝
· 园艺铁丝

**工具**

· 大碗，用于浸泡
· 钳子
· 热胶枪（可选）

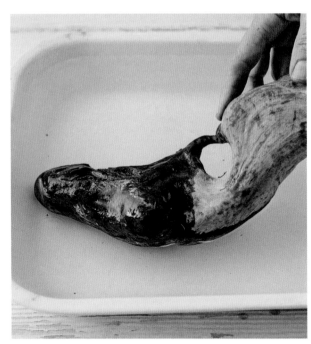

1 如果使用海洋浮木，需要保证它已经被提前浸泡，去除了所有残留的盐分。如果要亲自去除浮木的盐分，你需要将它放入淡水中浸泡数周，其间要换几次水。

2 将小片苔藓缠绕在小树枝上，然后放置在这块较大的木头上面。这根小树枝既具有装饰性，又提供了额外的位置，供你展示尺寸较小的空气凤梨植株。

3 用铁丝将小树枝固定在木头上，至少缠两圈，确保牢固。

**4** 将一簇簇苔藓和地衣连接在大木头上，使用铁丝或热胶固定。如果用的是热胶，就让它充分冷却凝固之后，再将空气凤梨添加上去。

**5** 轻轻地将空气凤梨安置在木头的天然缝隙处。那些更轻、更精致的空气凤梨可以放置在小树枝上。不要使用热胶固定空气凤梨。

## 如何养护

**温度**：15—24℃
**光照**：半日照
**湿度**：高
**养护**：容易

**浇水**：使用雨水或蒸馏水，每周给空气凤梨浇一次水（见第185页）。确保水微温或处于室温；冷水会让植株受到刺激。浇水后将它们放在柔软的干抹布上，待表面充分干燥后再放回观赏架。你可以每周给它们喷水2—3次。

**养护和照料**：将观赏架放置在半日照环境中。确保年幼植株有充足的生长空间。如果相对于目前的位置，它们长得过大，就将它们转移到观赏架上更宽敞、更稳定的位置。

千万不要用胶水或者铁丝固定空气凤梨。这不但会让植株的浸泡变得非常困难，而且胶水中的化学物质会对这些植物造成严重伤害。

# 编绳吊篮

　　编绳是使用绳索编出具有装饰性的绳结艺术，可以用来制作简单的吊饰，展示你最喜欢的家居植物。使用木头珠子和棉纱绳创造出图中这种简洁、现代的外观，或者使用不同的材料，如金属珠子和原色绳索，设计属于你自己的独特编绳吊篮。

## 你需要什么

**植物**
· 适合15厘米花盆的植物，如楔叶铁线蕨

**其他材料**
· 10米长的非弹力绳索，如棉纱绳
· 木环
· S形钩
· 8个木珠子（4个小的和4个大的）
· 适合15厘米花盆的装饰性套盆

**工具**
· 直尺或卷尺
· 剪刀

1 用剪刀分别剪出4段长220厘米和2段长50厘米的棉纱绳。令4根长绳穿过木环并对半折叠。用一只手抓住木环下方的绳索，令其自然下垂。

2 取一根短绳，在其中一端做出一个圈。用右手拇指将这个圈摁在下垂长绳与木环接触的顶端，并让这个短绳的长尾和短尾都位于木环上方。

3 用长尾将圈和下垂长绳绑在一起，紧紧缠绕5圈。之后，将长尾的剩余部分从圈中穿过。

4 拉拽短尾，令圈滑入缠绕着的5圈棉纱绳之内。剪去露头的两端，完成打结。这种技术称为"缠绕结"。

5 使用S形钩将木环吊起，检查并确认你有8根长度相等的绳索垂下。将这些绳索分成4对。令每对绳索分别穿过一颗小木珠和一颗大木珠，木珠的位置位于木环之下大约30厘米处。

6 从相邻的两对绳索中各取一根，在珠子下方大约8厘米处打一个结。重复3次，直到所有绳索都绑在一起。在这些结向下大约6厘米处重复这一过程（同样从相邻的两对绳索中各取一根），再打一组结。这些绳索此时应该像一张网。

7 在这些结下方大约6厘米处抓住所有绳索。再次使用缠绕结的方法，用另一根短绳将它们绑在一起（见步骤2—4）。保证这个结尽可能牢固，然后将多余的绳索剪到理想的长度。

8 最后，将装饰性套盆稳固地安置在绳索中，再轻轻地将你选择的植物放入盆中。

## 如何养护

**浇水**：当植物需要浇水时，小心地将它（以及花盆）从中取出，以防绳索染上污渍或者腐烂。

**养护和照料**：在展示你的植物之前，先手持S形钩将它轻轻提起，测试它在绳索中的重量。缠绕结应该保持牢固；如果感觉花盆在绳索中不够稳当，就将它取出，重新打结，直到你确信它们是牢固的。

随着植株的生长，它会沿着绳索四周美丽地倾泻而下。如果它长得太大需要换盆，不要换到更大的花盆里之后再硬塞回去，而是应该使用另一株花盆为15厘米的植物替换它。

# 开口玻璃瓶花园

　　开口玻璃瓶是一种半封闭的玻璃容器，可以为生长在里面的植物提供温暖潮湿的小气候。这种开口玻璃瓶能用来展示多种叶形和色彩的观叶植物。挑选一株体形较大的焦点植物，令它能从其余植物中脱颖而出。注意不要让瓶子过于拥挤，好让所有植物都有生长的空间。

## 你需要什么

**植物**
· 精选喜湿观叶植物（包括1株较大的焦点植物），如小型蕨类、椒草和网纹草
· 装饰性苔藓（可选）

**其他材料**
· 宽阔的顶端开口玻璃瓶或玻璃罐
· 细沙砾
· 活性炭
· 多用途基质
· 装饰性卵石（可选）

**工具**
· 挖洞器
· 带花洒的小浇水壶

1 将沙砾倒入瓶子底部，令其深度达到大约2.5厘米以便排水。混入几勺活性炭，防止真菌滋生。

2 在沙砾和活性炭的混合物上面均匀添加一层5—7.5厘米厚的基质。在基质中挖一个能够容纳焦点植物根坨的洞。

3 将焦点植物从花盆中取出，疏松根系以刺激其健康生长。轻轻地将植株放进基质的洞里。

4 用挖洞器压实植株基部周围的基质。对剩余植物重复步骤
3—4。

5 如果你愿意，可以用装饰性苔藓或卵石覆盖基质表面。小
心地将玻璃瓶的内壁擦拭干净。

## 如何养护

**浇水：** 使用带花洒的小水壶给植物浇水。群体种植的植物和半封
闭的空间创造出锁住水汽的潮湿环境，所以注意不要过度浇水。
只在基质变干时给植物浇水。

**养护和照料：** 将玻璃瓶放置在明亮处，但要避开直射光，因为它
可能会透过玻璃灼伤叶片。

# 柳条攀缘架

　　这种方便植物攀缘的简易支撑结构可以简单迅速地组装，而且即使在它尚未被植物的枝叶遮挡起来的时候，就已经是一道迷人的景致。一旦你掌握了基本结构，就可以用这种方法来制作更大的攀缘架，如将植物的茎搭置在框格架子或者楼梯上，或者让它们在墙壁上铺开。

## 你需要什么

**植物**
· 攀缘植物，如喜林芋、球兰、多花素馨或
　多花黑鳗藤

**其他材料**
· 带排水孔的稳固花盆
· 室内植物基质或多用途基质
· 7根柔韧的柳条，每根至少长1米
· 园艺麻线

**工具**
· 修枝剪

1 将基质填入花盆。沿着花盆边缘分布均匀地插入6根柳条。

2 将柳条合拢于花盆中心正上方合适的高度，用麻线捆扎结实。使用修枝剪将柳条末端多余部分剪去。

3 取最后一根柳条，使其在从下到上大约三分之一处穿过这6根柳条。用麻线捆扎固定以防滑动，然后将整个框架从花盆中取出，放在一边。

4 在基质中挖一个可容纳根坨的洞，然后将植株放入，确保它的高度和在原来花盆中的一样。用新基质填补可能存在的空隙，轻轻向下压实。

6 将植株的长茎逐根缠绕在柳条上。较粗或较重的茎可能需要使用麻线捆扎；注意不要捆得太紧。

## 如何养护

**浇水：** 春季至秋季保持基质湿润；冬季减少浇水，只在基质表面干燥时浇水。夏季隔几天或者有需要时喷水一次。

**养护和照料：** 随着植物的生长，继续将茎缠绕在柳条上，必要时使用麻线捆扎。如果植株的攀缘高度超过柳条框架，大部分种类都可以修剪，以维持大小和株型紧凑。

或者将长得过高的植物放置在框格架子旁，将较长的茎缠绕在上面，随着时间的推移进行整枝并用麻线固定。

5 将攀缘植物的茎整理好，向四周摊开。将柳条框架插入基质，避开枝条。

# 多肉花环

　　将多种小型多肉植物种植在环形灰藓上，得到一个美丽、独特的装饰花环，而且在适宜的环境条件下，它需要的养护措施很少。将一系列不同的多肉植物与多种不同类型的蓬松苔藓相结合，为你的陈设增添趣味和个性。

## 你需要什么

**植物**

· 灰藓
· 大约12棵小型多肉植物，每棵种在5厘米的小花盆里，如拟石莲花属、长生草属、莲花掌属和青锁龙属植物
· 鹿蕊

**其他材料**

· 铁丝花环框架，直径30厘米
· 基质
· 园艺苔藓别针
· 园艺铁丝

**工具**

· 托盘，用于浸泡
· 铁丝钳
· 喷水壶（可选）

1 将成块的灰藓放入装水的托盘中浸泡，让它们之后变得更容易操作。

2 用灰藓包裹住铁丝花环框架。确保花环的底部和侧边都被覆盖，并确保你有足够多的苔藓覆盖多肉植物的根坨。

3 将多肉植物从花盆中取出并松动根坨。掀开苔藓，将植株放入框架中，记得为植株的生长留出足够空间。用基质填充植株之间的空隙。

4 将灰藓重新盖上，裹住植株基部和基质。

**5** 用苔藓别针将苔藓牢牢地固定在植株基部。将别针完全插进土里，令苔藓紧紧地固定就位。

**6** 想要更加牢固，就用园艺铁丝缠绕花环，防止苔藓在放置时解体。

**7** 最后，用小块鹿蕊覆盖任何暴露的基质或铁丝，再用别针将其固定就位。

## 如何养护

**浇水：**取决于房间的温度和湿度，大约每周浇一次水，方法是将只有苔藓的基部浸泡在装满水的水槽中。再次浸泡之前令花环完全干透。如果空气非常干燥，需经常为植株喷水。

**养护和照料：**将花环放置在避开直射光和热源的地方。将它平放1—2个月，令植株扎根。这段时间过后，如果有必要，可以将它垂直悬挂起来。

# 苔藓球蕨类

　　作为日式盆栽的一种类型，苔藓球是在植物的泥巴根坨上包裹柔软的绿色苔藓并悬挂起来的做法。这种奇妙的方法可以将植物改造成美丽的悬挂装饰品。将多种苔藓球植株安置在一起，可以得到一座所谓的"悬垂式花园"。

## 你需要什么

**植物**

· 成年蕨类，如凤尾蕨或鹿角蕨，以及天门冬
· 成片灰藓

**其他材料**

· 盆栽基质
· 赤玉土（日式盆栽中使用的黏土状矿物）
· 园艺麻线

**工具**

· 水桶
· 剪刀
· 喷水壶

**1** 在水桶里将盆栽基质和赤玉土按照2：1的比例混合均匀，添加一点水，直到混合物变得黏稠、潮湿且均匀。赤玉土让基质变成一种"泥糕"状，可以裹住植物根系并固定形状。

**2** 将蕨类从花盆中取出，轻轻摇晃，将一部分基质从根上摇晃下来。

**3** 用一层大约2.5厘米厚的盆栽基质与赤玉土的混合物将蕨类的根包裹起来。做成一个和原来的花盆体积差不多的球。

**4** 用一片灰藓包裹根坨，将苔藓聚集在植物的茎周围。

**5** 用剪刀剪去多余苔藓，并在根坨颈部留出一些。

**6** 用麻线缠绕根坨颈部，将苔藓固定。在麻线上打一个牢固的结。要将蕨类悬挂起来，就用另一根麻线缠绕苔藓球的颈部，形成一个环。

## 如何养护

**温度**：13—24℃
**光照**：半日照 / 半遮阴
**湿度**：中等
**养护**：很容易

**浇水**：通过检查苔藓球的重量来确定植株是否需要浇水。当感觉它变轻时，将苔藓球浸入水中，保持叶片干爽。浸泡10—25分钟，或者直到完全湿透。将苔藓球从水桶中取出，轻轻挤压苔藓球，排出多余水分。

**养护和照料**：将苔藓球放置在无阳光直射的潮湿地点。经常喷水。

# 苔藓画框

　　绿色墙壁和悬垂式花园在世界各地的都市家庭中变得越来越流行。使用一系列苔藓和类似苔藓的植物，或者使用空气凤梨，你就可以在自己家里轻松地制造这样的景观。苔藓造景的关键在于将各种不同的质感和颜色结合在一起，模仿自然风景。

## 你需要什么

### 植物

· 各种不同的苔藓，如用来打底的泥炭藓，用来制造高低起伏感的白发藓，以及其他更具装饰性的类型，如鹿蕊或蔓生的松萝，后者属于空气凤梨的一种
· 类似苔藓的植物，如金钱麻（见第140页）

### 其他材料

· 回收再利用的木质浅容器，如葡萄酒板条箱或者破旧的育苗托盘，深度10厘米左右的为好
· 塑料垃圾袋
· 园艺苔藓别针
· 装饰性树枝，如有地衣生长在上面的小枝条和小块浮木
· 园艺铁丝

### 工具

· 订书机或钉枪
· 铁丝钳
· 带花洒的浇水壶，或喷水壶

**1** 用塑料垃圾袋衬在木质容器的底部，并用钉枪固定就位。这样做有助于保持木框里的水分。

**2** 将木框平放，用钉枪或别针将一层薄薄的泥炭藓固定在容器底部，使其完全盖住塑料袋。

**3** 将白发藓放入容器，增添质感和趣味。用苔藓别针将它们固定在泥炭藓上。开始添加装饰性苔藓，直到达成理想的效果。

**4** 将类似苔藓的植物从花盆中取出，松动根系。将植株放置在成簇的白发藓之间。

**5** 想要更加有趣，就用园艺铁丝将装饰性苔藓固定在小树枝上，然后将它们牢固地嵌入框架中位置较低的角落。

**6** 按照需要，将最后几块装饰性苔藓增添到陈设中，把不同的颜色和质感结合起来，模仿自然景观。用铁丝将它们隐秘地固定在小枝上。

## 如何养护

**浇水：** 隔几天少量浇水或喷水一次。如果干燥的空气或者中央供暖令植物变干，你还可以通过充分浸泡苔藓令其恢复。

**养护和照料：** 将木框平放，让苔藓和其他生根植物在新环境中稳定落脚。1—2 个月后，你可以将木框立起或者垂直悬挂起来。

和所有光合作用生物一样，你的苔藓画框喜欢高湿度和非直射光，浴室是理想的场所。

# 耐旱玻璃花园

　　和在开口玻璃瓶中展示的喜湿植物（见第64—67页）不同，此处造景中的植物更喜欢类似于荒漠的干旱环境。选择一系列高度和形状不同的多肉植物和仙人掌，创造出更加有趣的陈设。这种开放式玻璃花园不能自灌溉，所以必须偶尔为它们浇水。

## 你需要什么

**植物**

· 精选仙人掌和多肉植物（包括1株较大的焦点植物）

**其他材料**

· 带有开口的玻璃容器，直径至少是18厘米
· 沙砾或小卵石
· 活性炭
· 仙人掌基质
· 装饰性卵石

**工具**

· 小铲子或勺子
· 挖洞器
· 浇水壶

**1** 在玻璃容器的底部铺一层深约2.5厘米的沙砾。混入一小把活性炭，防止真菌滋生。

**2** 在沙砾和活性炭的混合物上添加一层仙人掌基质。

**3** 选择焦点植物，将它从花盆中取出。轻轻松动根系以促进生长。

**4** 在基质中挖出一个和根坨同样大小的洞，然后轻轻地将植株放进去。用挖洞器压实植株基部周围的基质。

**5** 对2—3株较小的植物重复这个过程。在植物之间留出一些空间，这既是为了让植物继续生长，也便于空气流通。这样能防止湿气在植株之间积累，从而避免腐烂。

**6** 植物一旦牢固就位，就用勺子小心地将装饰性卵石铺在基质表面。

## 如何养护

**浇水：** 只需偶尔浇水，等到基质完全变干时再浇。玻璃花园的半封闭空间会保存水汽，制造湿度，所以注意不要过度浇水，否则会导致腐烂。

**养护和照料：** 将玻璃花园放置在非直射光的环境中；光线太强会导致植物过度受热并干枯。

# 枯木兰花

　　将一株兰花固定在装饰性木头上，效果会非常好，而且对兰花的健康有益。这样做模拟了兰花的自然生长方式，并为根系提供了良好的排水和透气条件，有助于你的植物欣欣向荣并可以预防病害。

## 你需要什么

**植物**

· 小型兰花，如蝴蝶兰或石斛
· 泥炭藓和白发藓

**其他材料**

· 一块装饰性木头，如浮木、树皮、栓皮或者桦树段
· 园艺铁丝

**工具**

· 铁丝钳

**1** 将兰花从花盆中取出，小心地将盆栽基质从其根系上清理下来。

**2** 将泥炭藓均匀地塞进兰花根系之间，部分暴露最外层的若干根系。用少量铁丝轻轻固定。

**3** 将兰花放置在木块上，令植株的根冠倾斜向下。用铁丝缠绕兰花的基部和根系，将它固定在木块上。

4 注意不要用铁丝将兰花缠绕得太紧，否则会对它造成伤害。当你感到植株足够稳固时，将铁丝的两端拧在一起，然后用铁丝钳剪去多余的铁丝。

5 再用几把苔藓装饰木块的剩余部分，并用铁丝将它们固定。

## 如何养护

**温度：** 16—27℃
**光照：** 半日照 / 半遮阴
**湿度：** 中等 / 高
**养护：** 容易

**浇水：** 附着在枯木上的兰花会很快变干，所以每周至少需要浇三次水。浇水时，将木块和兰花一起放入大且深的器皿中浸泡20分钟，直到完全浸透。

**养护和照料：** 放置在潮湿区域，每天喷水。当兰花的根在木头上寻找稳定落脚点时，不要移动铁丝。随着植株长出新的根并在木块表面蔓延，包裹根系的苔藓最终会脱落。随着时间的推移，植株会长成野外兰花齐满个性的优雅、扁平的形状。

# 生活空间隔断

　　用蔓生植物来打造可移动的生活空间隔断吧。它好比一面美丽的临时墙壁或者绿色屏风，为室内的不同区域创造隔断。选用枝叶茂盛的植物，更完整地填补这面隔断，或者使用编绳吊篮（见第60—63页）展示一系列装饰性容器。

## 你需要什么

### 植物

· 喜明亮、非直射光环境下的精选蔓生植物，如翡翠珠、爱之蔓锦和丝苇
· 对环境的需求相似、植株较高的精选中型观叶植物，如琴叶榕、吊兰和大多数蕨类

### 其他材料

· 独立式衣架，最好有底板
· 细绳
· S形钩
· 大小合适的装饰性套盆
· 编绳吊篮
· 大花盆或水桶

### 工具

· 剪刀
· 浇水壶

**1** 选择你的第一株蔓生植物。如果它的塑料花盆被茎叶完全遮挡，就用剪刀在花盆边缘钻出三个均匀分布的孔。各用一根细绳穿过这三个孔，并打结固定。

**2** 将三根细绳聚拢在植株正上方，根据你想让植株从晾衣架上悬挂下来的高度来调整细绳的长度。绑一个牢固的结，末端留一小段细绳。

**3** 用多余的细绳绕一个圈，并尽可能牢固和整齐地将它绑在已有的结上。用剪刀剪去剩下的线头。

**4** 用S形钩的下半部分穿过这个环，慢慢提起植物，确保所有结都是牢固的，将S形钩的上半部分卡在衣架的杆子上。对于你想悬挂的所有其他植物，重复这一过程。

**5** 如果你想隐藏塑料花盆，就将植物带花盆放进装饰性套盆里，然后将它稳固地放入编绳。将吊篮稳固地绑在衣架上，或者用S形钩将它吊起来。

**6** 衣架挂满后，在下面的板子上摆放第二批精选植物，将空隙填满。尝试不同的植物和装饰性花盆组合，直到你对绿色隔断的外观感到满意为止。

## 如何养护

**浇水**：按需为所有植物浇水和喷水。浇水时将植株从编绳吊篮中取出，防止浸湿装饰性绳索（否则随着时间的推移会导致绳子腐烂）。

**养护和照料**：无论你将室内隔断放置在什么地方，都要确保此处空间没有强气流通过。按照需求修剪植株；如果对于此处陈设来说它们长得过大，就将其撤换。

# 繁殖架

漂亮玻璃容器中的水培生根植物可以在架子或者边桌上打造非常出色的效果。在使用植物插穗进行繁殖以供今后种植（见第204页）的同时，你还可以打造一片临时陈设，或者将它们留在那里，创造一座永久的"水中花园"。这种方法很简单，但并非适合所有植物，所以要小心选择插穗。

## 你需要什么

**植物**
· 来自成年健康植物的插穗，如紫露草属、喜林芋属、青锁龙属、冷水花属、昙花属、秋海棠属和吊兰属植物

**其他材料**
· 不同形状的玻璃瓶子和花瓶；窄颈大肚的烧瓶状容器最为合适
· 泉水，矿物质水，或者雨水

**工具**
· 一把小型修枝剪或剪刀

1 选择一根插穗。将它放置在你想要使用的瓶子旁进行对比，然后摘除茎上任何会被水淹没的叶片。

2 如果从植物的吸芽采集插穗，如来自吊兰的"小吊兰"（见第207页），就从吸芽自身的茎基部将其切下。这里是植物体内生根激素最集中的地方。

3 把你的玻璃瓶装入一半雨水或蒸馏水（不要用自来水）。一定要使用空间充足的玻璃瓶，让根系能够得到充分光照并且有足够的生长空间。

4 将插穗放入瓶中，然后摆在你选好的繁殖架上，任其不受打扰地安静生长。对剩余插穗重复这个过程，每根插穗搭配一个比例合适的玻璃瓶子或花瓶，直到完成你的布置。

### 如何养护

**浇水**：按需为瓶中补充更多水分。

**养护和照料**：短短几周后，你的插穗就会开始生根。在这个阶段，如果你想种植它们，请按照第204页的指南操作。

你还可以让插穗永久性地在水里生长。如果你选择这样做，记得换水或者在大约一年后修剪根部。

# 植物简介

# 凤梨科植物

　　这些色彩鲜艳的植物花期可以持续数月，并为所有明亮的房间增添一抹热带气息。在其原生环境中，它们生长在树上，从空气而非土壤中吸收水分和营养，它们不需要特别高的湿度，很容易照料。植株在开花之后枯死，但是大多数凤梨科植物会在老叶片的基部旁长出吸芽（见第206—207页），然后长成新的植株。

## 斑马凤梨

**温度**：15—27℃
**光照**：半日照 / 半遮阴
**湿度**：中等
**养护**：很容易
**株高 & 冠幅**：60 × 60 厘米

从春末至秋季，这种引人注目的植物呈现出带银色条纹的深绿色叶片和高大的穗状花序。花序由红色、橙色和黄色苞片（花瓣状变态叶）以及小小的红色花朵构成。

**浇水**：用雨水或蒸馏水填满莲座叶丛中央的杯状凹陷处，每4—8周补充一次。保持基质湿润，但是冬天要在基质变干后再浇水。天气炎热时每天或每两天给植株喷水。

**施肥**：从春季至夏末，每两周在叶丛凹陷处施加1/2浓度的均衡液体肥。

**种植和养护**：使用等比例的兰花基质、珍珠岩和椰壳纤维混合物（或者1：1的兰花基质和多用途基质）种植在12.5—15厘米的花盆中。幼年植株换盆时，需换更大一号的花盆。

# 蜻蜓凤梨

温度：15—27℃
光照：半日照/半遮阴
湿度：中等
养护：很容易
株高 & 冠幅：60 × 60 厘米

银绿相间的拱形叶片格外优雅，为种植这种美丽植物提供了充分的理由。夏天，高大的花序从中央伸出，顶端由精致的粉色苞片和紫色小花构成，不愧凤梨界的明星。

**浇水：**用雨水或蒸馏水填满莲座叶丛中央的杯状凹陷处，每4—8周补充一次。保持基质湿润，但是冬天要在基质变干后再浇水。天气炎热时每天或每两天给植株喷水。

**施肥：**从春季至夏末，每两周在叶丛凹陷处施加1/2浓度的均衡液体肥。

**种植和养护：**使用等比例的兰花基质、珍珠岩和椰壳纤维混合物（或者1∶1的兰花基质和多用途基质）种植在12.5—15厘米的花盆中。幼年植株换盆时，需换更大一号的花盆。

# 艳凤梨

温度：16—29℃
光照：全日照
湿度：中等
养护：很容易
株高 & 冠幅：至少60 × 90厘米

虽然这种凤梨的红色果实味苦且不可食用，但引人注目的叶片和漂亮的花弥补了这一缺点：叶片绿色和奶油色相间，边缘带有锯齿，花儿呈现出黄色和紫色。它在任何阳光充足的房间里都是一道迷人的景致，但是要确保你有足够的空间容纳它宽大的拱形叶片。

**浇水：**春天和夏天频繁浇水，但是在冬天只需保持基质刚刚湿润。每天喷水或者将其放置在装满潮湿卵石的托盘上。

**施肥：**从春季至秋季，每两周施加1/2浓度的均衡液体肥。冬季每月一次。

**种植和养护：**使用等比例的腐熟树皮或兰花基质、珍珠岩和椰壳纤维混合物（或者1∶1的兰花基质和多用途基质）种植。12.5—15厘米的沉重花盆将限制植株的大小。初春为年幼植株换盆。

## 双条带姬凤梨

**温度**: 16—27℃
**光照**: 全日照 / 半日照
**湿度**: 中等
**养护**: 很容易
**株高 & 冠幅**: 15 × 15 厘米

这种凤梨因其秀丽的叶片而得到种植，带锯齿的波状叶片形成扁平的星状莲座。色彩斑斓的叶片可以是红色、橙色、紫色、粉色或绿色，构成一道闪亮的景致，非常适合在小房间里装饰阳光充足的窗台。

**浇水**: 在春天和夏天，使用雨水或蒸馏水保持基质湿润，但不能潮湿。在冬天，刚刚保持湿润即可。经常用微温的雨水或蒸馏水为植株喷水。

**施肥**: 从春季至夏末，每 2—3 个月施加 1/2 浓度的均衡液体肥。

**种植和养护**: 使用等比例的兰花基质、珍珠岩和椰壳纤维混合物（或者 1：1 的兰花基质和多用途基质）种植在 10 厘米的小花盆中。放置在全日照或半日照环境下，每 2—3 年在春天给植株换盆。

## 垂花水塔花

**温度**: 16—27℃
**光照**: 半日照 / 半遮阴
**湿度**: 高
**养护**: 很容易
**株高 & 冠幅**: 60 × 60 厘米

将这种凤梨科植物摆在台面上或吊篮中，让优雅的花沿着边缘垂下来。春末至夏季，这种植物的粉色苞片（花瓣状变态叶）以及粉紫色的小花会出现在一丛喷泉似的灰绿色带状叶片中。

**浇水**: 使用雨水或蒸馏水保持基质湿润。冬天在基质表面变干后浇水。夏季每天喷水，冬季每几天喷水一次。

**施肥**: 初春，施加用蒸馏水或雨水稀释的一茶匙泻盐以促进开花。春季和夏季，每月施加 1/2 浓度的均衡液体肥。

**种植和养护**: 使用等比例的兰花基质、珍珠岩和椰壳纤维混合物（或者 1：1 的兰花基质和多用途基质）种植在 12.5—15 厘米的花盆中。初春，将幼年植株换到大一号的花盆里。

## 环带姬凤梨

**温度**: 16—27℃
**光照**: 全日照 / 半日照
**湿度**: 中等
**养护**: 很容易
**株高 & 冠幅**: 最大 25 × 40 厘米

环带姬凤梨的条纹叶片酒红色和奶油色相间，深受人们喜爱。外表似蜘蛛，和喜欢类似环境条件的其他小型观叶植物种在一起能形成视觉焦点。成年植株在夏季可能开白色小花。

**浇水**: 从春季至初秋，使用雨水或蒸馏水保持基质湿润。在冬天，基质保持刚刚湿润即可。每隔几天用微温的雨水或蒸馏水为植株喷水。

**施肥**: 从春季至夏末，每 2—3 个月施加 1/2 浓度的均衡液体肥。

**种植和养护**: 使用等比例的兰花基质、珍珠岩和椰壳纤维混合物（或者 1：1 的兰花基质和多用途基质）种植在 10—12.5 厘米的小花盆中。放置在全日照或明亮的半日照环境下；植株在背阴环境中会丢失彩斑。每 2—3 年在春天给植株换盆。

# 星花凤梨

**温度**：18—27℃
**光照**：半日照
**湿度**：高
**养护**：有难度
**株高&冠幅**：45×45厘米

这种株型紧凑的凤梨从有光泽的绿色叶片中央抽生出引人注目的花序，看起来仿佛烟火。持久的艳橙色或红色苞片保护着小小的白色或黄色花朵。

**浇水**：当基质变干时浇水，然后用雨水或蒸馏水填满植株中央，每4—7周补充一次。每天用蒸馏水或雨水为叶片、花和气生根喷水。

**施肥**：每个月在植株中央的凹陷处施加1/2浓度的均衡液体肥。4—5天后倒出液体肥，换成雨水。不开花时，每月用稀释至1/4浓度的同种肥料为叶片喷水施肥一次。

**种植和养护**：使用等比例的兰花基质、珍珠岩和椰壳纤维混合物（或者1∶1的兰花基质和多用途基质）种植在10—12.5厘米的花盆中。每年春天给幼年植株换盆并更换基质。

# 三色彩叶凤梨

**温度**：18—27℃
**光照**：半日照
**湿度**：中等至高
**养护**：很容易
**株高&冠幅**：30×60厘米

这种植物茂盛的绿黄相间的条纹叶片形成莲座状，莲座中央呈红色，仿佛脸颊羞红的新娘。在夏天长出紫色的花和鲜艳的红色苞片。

**浇水**：使用蒸馏水或雨水填满叶片在植株中央形成的凹陷处，每4—6周补充一次。保持基质湿润，但不能潮湿，每隔几天为叶片喷水一次。

**施肥**：每个月使用适量的1/2浓度的均衡液体肥为叶片喷水。过度施肥会让叶片的颜色变淡。

**种植和养护**：使用等比例的兰花基质、珍珠岩和椰壳纤维混合物（或者1∶1的兰花基质和多用途基质）种植在10—12.5厘米的小花盆中。每年使用新鲜基质换盆。

# 虎纹凤梨

**温度**：18—26℃
**光照**：半日照
**湿度**：中等
**养护**：很容易
**株高&冠幅**：60×45厘米

这种植物的深绿色叶片带有红棕色条纹，与花期持久的剑形花序构成令人难忘的搭配。鲜红色苞片包裹着黄色小花，可以在一年当中的任何时候长出。这是一种相对容易种植的凤梨，适合新手尝试。

**浇水**：使用蒸馏水或雨水填满叶片在植株中央形成的凹陷处，每2—3周补充一次。当基质表面干燥时浇水，冬季保持刚刚湿润即可。每隔几天用雨水或蒸馏水为叶片喷水。

**施肥**：将叶面肥稀释至1/4浓度，春季至秋季每月喷洒叶片一次。

**种植和养护**：使用等比例的腐熟树皮或兰花基质、珍珠岩和椰壳纤维混合物（或者1∶1的兰花基质和多用途基质）种植在12.5—15厘米的花盆中。初春将年幼植株换到大一号的容器中。

# 球根植物

　　从热带林地植物到春日花园的经典花草，这些花卉将季节性的活泼色彩和香气注入室内。虽然球根植物常常与春天联系在一起，但是许多种类也能在一年当中的其他时候甚至冬天开花，所以只需要一些规划，你就可以一年四季在家中欣赏鲜花。要记住，你得在球根植物目标开花的几个月前种植它们。

## 君子兰

**温度**：10—23℃
**光照**：半日照
**湿度**：低至中等
**养护**：很容易
**株高 & 冠幅**：45 × 30 厘米
**警告！** 种球有毒

在春天，用君子兰阳光般灿烂的橙色、黄色或杏色鲜花装点你的家。簇生喇叭状花朵一直开到夏天。这些漂亮的林地植物将在凉爽、明亮的房间内良好生长。

**浇水**：从春季至秋季，基质表面变干时浇水。植株在秋末至仲冬需要休眠，此时基质应该保持近于干燥。

**施肥**：从春季至早秋，每月施加1/2浓度的均衡液体肥。

**种植和养护**：秋季，将土壤基质和多用途基质按照1：1的比例混合并将种球种植在20厘米的花盆中，令其颈部位于基质表面之上。在秋末至仲冬，植株需要在10℃的凉爽条件下休眠，然后转移到16℃且光照充足的房间内开花。不要换盆；它在根系受限时花开得最好，所以只需要在春天更换表层基质。

## 姜荷花

温度：18—24℃
光照：半日照
湿度：中等至高
养护：很容易
株高 & 冠幅：60 × 60 厘米

这种美丽的植物来自泰国，一到夏天，郁金香形的粉紫色花朵就开放在深绿色叶片之间高高的茎秆上，为你家增添一抹热带气息。它在湿度高的温暖房间生长良好，如浴室或厨房。

浇水：从春末至夏末保持基质湿润，经常为植株喷水，或者将其置在装满潮湿卵石的托盘上。植株从仲秋至早春休眠（叶片将枯死），此时应该保持基质近于干燥。

施肥：从仲春至夏末，每两周施加均衡液体肥。

种植和养护：春季，在15厘米的中型花盆里添加一层碎石子，再铺上一层球根基质。然后将种球种植在基质表面以下7.5厘米处，放置在避开直射光的明亮区域。在秋季剪去老花茎和枯死的叶片。每年春天使用新鲜基质换盆。

## 朱顶红

温度：13—21℃
光照：半日照
湿度：低
养护：很容易
株高 & 冠幅：60 × 30 厘米
警告！种球有毒

当这种引人注目的植物在冬季至第二年春天开放喇叭状花朵时，应该将它放在最重要的位置。颜色有白色、粉色、红色和橙色可选，某些品种还拥有双色或者带花纹的花瓣。

浇水：从初冬起少量浇水，直到新叶长出，然后一直到开花期间都保持基质湿润。夏末至秋末，植株休眠时不要浇水。

施肥：开花后施加均衡液体肥，直到叶片在夏末或秋季枯死。

种植和养护：在秋末或冬天，使用多用途基质将种球种植在稍大一点的花盆里，令种球的1/3露出基质表面。摆放在明亮温暖的地方。6—8周后，种球先长叶再开花。花蕾出现时将植株转移到较凉爽的区域以延长花期。在夏末，保持种球干燥，换盆，然后将其放入无霜的棚屋或车库两个月，再放回室内，开始浇水。

## 铃兰

温度：−20—24℃
光照：半日照／半遮阴
湿度：低
养护：很容易
株高 & 冠幅：最大 25 × 20 厘米
警告！全株有毒

这种秀丽的球根植物开白色钟形小花，当它们在春天出现时，将为你的家注入香甜的气味。鲜艳的绿色矛尖状叶片映衬着花朵。

浇水：冬末至夏初保持基质湿润；在夏末至冬初的休眠期，允许基质变干。

施肥：从冬末至夏初，每月施加1/2浓度的均衡液体肥。

种植和养护：使用土壤基质，将种球根部向下种植在15—20厘米的深花盆中，令其刚好被基质覆盖。按照第199页的描述进行室内催花。形成花芽时，将它放进16—21℃的凉爽房间促进开花。叶片枯死后，将其种在室外阴凉处，它们需要经历一段寒冷时期才能重新开花。

## 风信子

温度：-15—20℃
光照：半日照
湿度：低
养护：很容易
株高＆冠幅：25×20厘米
警告！全株有毒

这是一种经典的春花球根植物，强烈的香味和浓郁的色彩让它成为家居植物配置的最爱之选。在秋天种植处理好的风信子种球，欣赏几个月后长出的蓝色、紫色、白色、粉色或红色花序。

浇水：种下种球后为基质浇水，静置排出多余水分。在整个冬季令基质略微湿润即可，长出叶片和花后继续保持湿润。

施肥：如果你想保留种球，当叶片开始干枯时，每两周施加一次液态海藻肥。

种植和养护：在初秋，使用球根纤维基质（或者比例为2：1的土壤基质和角砾石混合基质）将种球种植在花盆里，带尖的一端朝上并刚好露出基质表面。放在室外阳台上或者花园里，直到准备好在仲春开花。种球的催花见第198—199页。

## 葡萄风信子

温度：-15—20℃
光照：半日照
湿度：低
养护：很容易
株高＆冠幅：20×10厘米

这种容易种植的球根植物是增添春色的上佳之选，拥有带淡淡香味的圆锥形花序，花小巧秀气，呈蓝色、紫色或白色，叶片呈嫩绿色。这种球根植物可以催花，提前摆在室内观赏。

浇水：种植后给球根浇水，在冬季令基质保持几乎干燥。当叶片和花出现之后，应该保持基质湿润。

施肥：花期过后叶片开始干枯时，每两周施加一次均衡液体肥。

种植和养护：在宽和深均至少15厘米的花盆里装满多用途基质。将种球尖端朝上种植在花盆里，彼此靠近但不接触，并令尖端刚好露出基质表面。放置在室外阳台或者背风处直到准备开花，或者对种球进行催花以便提前摆设观赏（见第198—199页）。开花后放置在室外背阴处，然后它们会在第二年再次开花。

## 水仙

温度：-15—20℃
光照：半日照
湿度：低
养护：容易
株高＆冠幅：40×10厘米
警告！全株有毒

打造室内花园最常用的水仙是柔弱且有香味的白水仙，但是其他水仙属植物在室内也开得很好，如芬芳的多花水仙品种或者很受欢迎的"头对头"。秋季种植，第二年春天开花。

浇水：种植后浇水，在冬季令基质保持刚刚湿润即可。当叶片和花出现之后，每隔几天浇一次水。

施肥：花期过后叶片开始干枯时，每两周施加一次均衡液体肥。

种植和养护：在宽花盆的底部铺一层石子，再填上球根纤维基质（或者比例为2：1的土壤基质和角砾石混合基质）。种植种球，令尖端朝上且刚好位于基质表面以下。放置在无暖气房间内阳光充足的窗台上。

## 马蹄莲

**温度**：10—20℃
**光照**：半日照
**湿度**：中等
**养护**：很容易
**株高＆冠幅**：最大60×60厘米
**警告！** 全株有毒

虽然白马蹄莲种植在室外的效果最好，但是其他形态较小且常常更加鲜艳的马蹄莲属品种却可以成为美丽的家居植物，如黄花马蹄莲和红花马蹄莲。它们拥有纯色或带斑点的叶片。花从春季开到秋季，包括一片黄色、粉色、紫色、深红色或黑色的佛焰苞（花瓣状鞘），佛焰苞包围着由很小的花朵构成的穗状花序。

**浇水**：春末至夏末保持基质湿润；在冬季应该保持基质几乎干燥。

**施肥**：从春天开始到花朵凋落，每两周施加一次均衡液体肥。

**种植和养护**：冬末，使用多用途基质种植在宽花盆里，令根状茎（硕大的卵圆形种球）稍微露出基质表面，"眼"（深色隆起）位于顶端。放置在半日照下的温暖地点。秋季叶片自然枯死。冬季换盆，放在冷凉处。

## 三角紫叶酢浆草

**温度**：15—21℃
**光照**：半遮阴
**湿度**：低
**养护**：容易
**株高＆冠幅**：30×30厘米
**警告！** 全株对宠物有毒

这种植物极具装饰性，其绿色、紫色或彩斑叶片与三叶草的叶片相似。三角形叶片在夜晚合拢，白天打开。除了叶片之外，从春天到夏天的许多个星期里，它还会开粉色或白色星状小花。

**浇水**：基质表面变干时浇水。从秋季至冬季，当植株进入休眠期且叶片开始干枯时，控制浇水。植株看上去好像死了，但是如果你在4—6周之后再次开始浇水，新的叶片很快就会长出来。

**施肥**：当植株处于从春季至夏末的生长季，每月施加一次均衡液体肥。休眠期间停止施肥。

**种植和养护**：秋季，使用等比例的土壤基质、多用途基质和沙砾混合而成的基质将种球种植在15—20厘米的花盆中。种球应该位于基质表面以下5厘米处。三角紫叶酢浆草还常常作为已经长出叶片的盆栽植物出售。春季至秋季放置在避免阳光直射、半遮阴的地方，然后在冬天转移到冷凉的室内。

# 兰花

兰花有多种多样的形状和色彩，某些品种的兰花还有香味，因充满独特风情而备受珍视。兰花在任何陈设布景中都堪称明星。在明亮的房间里将一株兰花用作视觉焦点，或者利用其攀附树木的天然倾向，将带有气生根的兰花种在树皮或原木上（见第88—91页）。虽然某些兰花需要付出大量精力照料，但其他品种尤其是被广泛应用的蝴蝶兰，可以在不太讲究的条件下良好生长。

## 长萼兰属

**温度**：12—24℃
**光照**：半日照
**湿度**：高
**养护**：很容易
**株高 & 冠幅**：最大1×1米

仿佛色彩斑斓的蜘蛛沿着拱形枝条爬行，这种兰花不同于寻常的花朵拥有黄色或绿色花瓣，它们的花瓣狭长，且带有棕色或栗色条纹或斑点，连接在位于中央的圆形唇瓣上。似蜘蛛的花还有一种甜美辛辣的气味，春末和夏季开放，而每个假鳞茎（茎基部的膨大结构）会长出2—3枚长长的带状叶片。

**浇水**：春季和夏季，表层基质变干时浇水。将花盆部分沉入装有雨水或蒸馏水的托盘，然后取出花盆，排出多余的水。植株在冬季需要休眠，应该保持在更干燥的环境中，只需少量浇水以防假鳞茎缩小即可。从春季至仲夏，每天给叶片喷水，将花盆放在装有潮湿卵石的托盘中，或者安装室内加湿器。

**施肥**：从仲春新叶萌发到夏末，每浇两次水时施加一次兰花专用肥。

**种植和养护**：使用兰花专用基质（或者将腐熟树皮、珍珠岩和木炭按照6：1：1的比例混合而成的基质）将长萼兰种植在10—20厘米的透明花盆中。基质不要盖住气生根，它应该暴露在光照下。放置在避开夏日阳光直射和气流的明亮区域，并提供良好的通风。花期过后将花序剪短至第一个节（茎上的突起）上面一点的位置。这种兰花喜根系受限，所以只在生长开始受到影响时换盆。

## 兰属

**温度**：10—24℃
**光照**：半日照
**湿度**：中等
**养护**：很容易
**株高 & 冠幅**：微型品种60×60厘米，标准品种1.2×0.75米

这些大量开花的兰花将在秋末至第二年春天，在很少有其他植物处于最佳状态时点亮你的家。生长硕大花朵的花茎从带状叶片之间伸出，爆发出一串鲜艳的色彩。得到命名的杂种比原生物种容易种植，而且有两类可供选择：长到1.2米高的较大"标准品种"，以及更小却更受欢迎的"微型品种"，后者很适合摆放在窗台上。

**浇水**：春季和夏季，表层基质变干时浇水，并使用雨水或蒸馏水从植株上方浇水，确保多余的水全部排走。在冬季将浇水频率降至每两周一次。放入装有潮湿卵石的托盘，或者每几天喷一次水。

**施肥**：春季，每浇三次水时施加一次1/2浓度的普通液体肥，然后在夏天换成兰花专用肥。

**种植和养护**：使用兰花专用基质（或者将腐熟树皮、珍珠岩和木炭按照6：1：1的比例混合而成的基质）种植在15—20厘米的花盆中。这种地生兰没有气生根，因此不需要透明花盆。全年放置在避开直射光的半日照环境中。在理想的情况下，夏季和初秋最好将它放置在半遮阴的户外露台上，此时植物需要较大的昼夜温差以形成花蕾。在秋末，将它放入冷凉的房间里，环境温度最好在15℃以下。之后将它放进稍温暖一些的房间，令其开花。每1—2年在春天时换盆。

**兰属杂种**

得到命名的杂种是最易得和最容易养护的。有极为多样的花色可供选择，而且许多品种有带花纹或斑点的花瓣。

**兰属微型品种**

兰属微型品种是株型紧凑的杂种，高30—60厘米。和所有兰属植物一样，它们需要在冷凉的房间一才能良好开花。

## 石斛

**温度**：5—24℃
**光照**：半日照
**湿度**：中等至高
**养护**：有难度
**株高 & 冠幅**：60 × 45 厘米

从秋天到第二年初春，这种艳丽兰花在似竹竿的茎上开满有香味的花，有多种颜色，开粉色或白色花的种类最受欢迎。请做好细心养护它们的准备。如果植株在冬天失去一些叶片，不用担心，因为它是半休眠植物。

**浇水**：从春季至夏末，在早晨使用微温的雨水或蒸馏水浇水，每周1—2次（见第111页长萼兰浇水方法）。在初秋将浇水频率降到每两周一次，以促进花蕾形成。在冬天停止浇水，但是要喷水以防假鳞茎（茎基部的膨大结构）萎缩。

初春至夏末放置在装有潮湿卵石的托盘上。

**施肥**：从春季至夏季，每2—3周施加一次1/2浓度的均衡液体肥。在夏末的一个月，换成1/2浓度的高钾肥，然后停止施肥，直到第二年春天。

**种植和养护**：使用兰花专用基质（或者将腐熟树皮、珍珠岩和木炭按照6：1：1的比例混合而成的基质）种植在15—20厘米的透明花盆中。种植在避开直射光且没有气流的明亮位置。石斛开花需要较大的昼夜温差，夏季至初秋（霜冻之前）最好将它放置在半遮阴的户外露台上。在冬季开花时，将它放置在夜晚温度为10℃或稍低的无暖气房间中。每年春天换盆。

## 杂交美堇兰

**温度**：12—27℃
**光照**：半日照 / 半遮阴
**湿度**：高
**养护**：很容易
**株高 & 冠幅**：60 × 60 厘米

在英文中常被贴上 "Miltonia"（表明是美堇兰属的杂种）的标签，这种株型紧凑的兰花开着大而芳香的花，花瓣表面有与三色堇相似的斑纹，所以名字里带有 "堇" 字。取决于具体种类，花可出现在春天或秋天。

**浇水**：在夏季，每天或每两天使用雨水或蒸馏水从植株上方浇水，令植物充分浸泡，然后静置排出多余的水分。冬季将浇水频率降低至每2—3周一次。放置在装有潮湿卵石的托盘上，每几天喷一次水。

**施肥**：每两周施加一次兰花专用肥，但每个月需用大量雨水或蒸馏水冲洗植株，防止盐分积累。

**种植和养护**：使用兰花专用基质（或者将腐熟树皮、珍珠岩和木炭按照6：1：1的比例混合而成的基质）种植在15—20厘米的透明花盆中。美堇兰在夏天喜半遮阴；在冬天将它转移到靠近窗户的地方。避开直射光和气流，每年春天换盆。

*"星级佛晓" 石斛*

这种色彩鲜艳的兰花开出令人注目的紫粉色花朵，花的中央呈黄白双色。

*"星级阿波罗" 石斛*

作为石斛中很受欢迎的纯白品种，它那花期持久的小花构成高大直立的花序。

## 耐莉艾斯勒兰

**温度**：16—24℃
**光照**：半日照／半遮阴
**湿度**：高
**养护**：有难度
**株高＆冠幅**：最大 50×50 厘米

这种备受珍视的杂交兰花在高大的花茎上开出鲜红色的花，花的唇瓣带有白色斑点，花心为黄色。一年当中的任何时候都可以开花，但大部分花出现在秋天，而且它们有强烈的柠檬香味。

**浇水**：当基质表面稍微变干时，使用雨水或蒸馏水浇水（见第111页长萼兰浇水方法）。在冬季稍微减少浇水。放置在装有潮湿卵石的托盘上，每天或每两天喷一次水。

**施肥**：全年每两周施加1/2浓度的兰花专用肥。

**种植和养护**：使用兰花专用基质种植在15—20厘米的不透明花盆中。放置在环境温度为16—24℃、避开阳光直射的地方。花期过后，将花茎剪短至花茎位置最低的节（茎上的膨大结构）上面一点的位置，促进第二次开花。每1—2年的春天换盆。

## 杂交文心兰

**温度**：13—25℃
**光照**：半日照
**湿度**：中等
**养护**：很容易
**株高＆冠幅**：最大 60×60 厘米

这种秀丽的兰花在花茎上开出数十朵形似蝴蝶或舞女的小花，颇为壮观，通常在秋天开花。这种杂交兰花相对容易种植，可以攀附在树皮或板岩上生长。

**浇水**：当基质表面稍微变干时，使用雨水或蒸馏水浇水。在冬天，每个月只浇一次水。放置在装有潮湿卵石的托盘上，每天或每两天喷一次水。

**施肥**：每浇2—3次水时施加稀释至1/4浓度的兰花专用肥。

**种植和养护**：使用兰花专用基质种植在树皮上或者12.5—15厘米的不透明花盆中。它喜欢挤压的空间，所以只在花盆相对于新生枝叶太小时换盆。

## 兜兰属

**温度：** 17—25℃
**光照：** 半日照／半遮阴
**湿度：** 中等
**养护：** 很容易
**株高＆冠幅：** 30×20 厘米

这种兰花的魅力很大，硕大醒目的花有多种颜色，独特的兜状唇瓣是它名字的来源。通常在冬季至次年初夏的数个星期内开放，不过某些杂种也在其他时间开花。绿色或颜色斑驳的长叶片构成扇形，在植株不开花的时候也具有观赏性。和原生品种相比，有名称的杂种更容易养护。

**浇水：** 从春季至秋季，使用雨水或蒸馏水保持基质湿润，每周浇水 1 或 2 次（见第 111 页长萼兰浇水方法）。在冬季减少浇水，但不要让基质完全变干。放置在装有潮湿卵石的托盘上增加湿度，但不要喷水，否则容易导致腐烂。

**施肥：** 从春季至秋季，每 2—3 周施加兰花专用肥；在冬季，以同样的频率施加 1/2 浓度的同种肥料。

**种植和养护：** 使用兰花专用基质（或者腐熟细树皮和珍珠岩按照 4 ：1 的比例混合而成的基质）将兜兰种植在 15—20 厘米的不透明花盆中。这种地生兰不需要透明花盆，因为它没有气生根。夏季种植在半遮阴、避免阳光直射的地方，冬季种植在全日照条件下。叶片纯绿的种类喜冷凉条件；更常见的斑叶种类需要温暖环境，夜间温度不能低于 17℃。每年花期过后换到稍大一点的花盆里，确保新生枝叶不会被基质埋住。

## 蝴蝶兰属

**温度：** 16—27℃
**光照：** 半日照／半遮阴
**湿度：** 中等
**养护：** 容易
**株高＆冠幅：** 最大 90×60 厘米

作为种植最广泛和最简单的兰花种类，蝴蝶兰有长长的拱形花茎，花茎颈部开满硕大的圆形花朵，花色多样，某些品种有精致的花纹。花可以在一年当中的任何时候出现。还有适合小空间的微型杂交品种，而且所有类型都喜欢冬季较高的白日气温，可以在有中央供暖的家中良好生长。

**浇水：** 在所有时候保持基质湿润，每 5—7 天在早上浇一次水（在水质硬的地区，最好使用雨水或蒸馏水）。在冬季稍微减少浇水，但不要让基质完全变干。放置在装有潮湿卵石的托盘上，偶尔在早上喷水，

**杂交蝴蝶兰**

许多兰花在你购买它们的时候是没有名字的。最广泛、易得的是容易养护的杂种。只需要选择适合你陈设方案的颜色，然后进行适当的配色即可。

令多余的水在寒夜来临之前蒸发。

**施肥：**每次浇水时施加兰花专用肥，但是每月要使用不含肥料的水冲洗全株，去除多余的盐分。在冬季将施肥频率降至每月一次。

**种植和养护：**使用兰花专用基质（或者将腐熟树皮、珍珠岩和木炭按照 6：1：1 的比例混合而成的基质）种植在 10—15 厘米的透明花盆中。不要埋住气生根，它们需要暴露在外。夏季将它放置在半遮阴的地方；冬季令其靠近明亮的窗户。避免气流和剧烈的温度波动；这些兰花全年喜温暖。花期过后，将花茎剪短至花茎位置最低的节（茎上的膨大结构）上面一点的位置，促进第二次开花。每 2 年使用稍大的容器换盆。

**袖珍系列蝴蝶兰**

这个微型杂交蝴蝶兰有多种颜色，包括粉色、桃色和白色。它们可以整齐地摆放在窗台上。

# 万代兰属

**温度：**16—32℃
**光照：**半日照
**湿度：**高
**养护：**有难度
**株高 & 冠幅：**1.2 × 0.6 米

这种热带兰花对种植的要求较高，但是硕大鲜艳的花朵完全对得起你付出的努力。它们在春天和夏天开放，直径可达 15 厘米，常常有花纹。万代兰需要非常高的湿度，而且它们通常不使用基质种植在花瓶或者敞开式的编织篮里。

**浇水：**每天早上浇水，方法是将根部在一桶微温的雨水或蒸馏水中浸泡 15 分钟，直到根变绿，然后取出排水；冬季将浇水频率降到每 3—4 天一次。万代兰需要高湿度，应该每天喷水数次，或者安装加湿器。

**施肥：**每周使用混合好的兰花液体肥给叶片和根部喷洒一次。在冬季每两个月施肥一次。

**种植和养护：**不使用盆栽基质，直接种植在板条篮子或者大的透明花盆里。放置在避免阳光直射的明亮地点，冬天放在良好的光照条件下。有加温设施、通风良好的温室或者浴室是最好的。秋季夜间低温促进花蕾形成。换盆时将根浸泡在水里，轻轻地将它们从篮子侧边拉出来，然后将植株和小篮子一起放进更大的篮子里，就不会影响根继续生长。

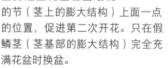

# 坎布里亚伍氏兰

**温度：**10—24℃
**光照：**半日照
**湿度：**高
**养护：**有难度
**株高 & 冠幅：**最大 50 × 35 厘米

虽然这种美丽的杂交兰花并不广泛易得，但是如果你喜欢挑战，它倒是值得你寻觅一番。你的努力得到的奖励是点缀着硕大深红色芳香花朵的高大拱形花枝，花朵有带白色斑点的唇瓣和黄色花心。这些持久开放的花朵可以在一年当中的任何时期出现，但主要在冬季或春季开放。

**浇水：**当基质表面稍微变干时，使用雨水或蒸馏水浇水（见第 111 页长萼兰浇水方法），春季至秋季每 5—7 天浇一次水，冬季每 7—10 天浇一次水。放置在装有潮湿卵石的托盘上，每天或每两天给叶片喷一次水，或者安装一台室内加湿器。

**施肥：**全年每浇 2 或 3 次水时施加 1/2 浓度的兰花专用肥。

**种植和养护：**使用兰花专用基质种植在 10—20 厘米的透明花盆中。为促进开花，要确保夜间降温至少 6℃。花期过后，将花茎剪短至花茎位置最低的节（茎上的膨大结构）上面一点的位置，促进第二次开花。只在假鳞茎（茎基部的膨大结构）完全充满花盆时换盆。

# 其他开花植物

　　虽然能开花的绿植有很多种，但一些种类专门因其花朵美观而得到种植，用来为绿意盎然的植物陈设增添一抹季节性的色彩。该系列包括在一年当中不同时段开花的植物，一些种类甚至在深冬开花。

## 美丽苘麻

**温度：** 12—24℃
**光照：** 半日照
**湿度：** 低
**养护：** 很容易
**株高 & 冠幅：** 最大 90 × 60 厘米

用这种高灌木的硕大钟形花装点你的家，花色多样，包括红色、黄色、粉色和白色。似枫叶的绿色或彩斑叶片为夏季持久开放的花朵提供背景。

**浇水：** 春季至秋季保持基质湿润；在冬天，表层基质变干时浇水。

**施肥：** 春季和秋季，每两周施加一次均衡液体肥。在夏季换成高钾肥。

**种植和养护：** 使用多用途基质和土壤基质的等比例混合基质种植在 20—30 厘米的花盆中。放置在明亮的地方，并在冬季转移到日温为 16—20℃ 的较为凉爽的房间里。在春天将茎剪短并掐尖，令植株变得更加茂盛。如果有必要，在秋季再次修剪。每 2 年换盆一次。

# 花烛

**温度**：16—24℃
**光照**：半日照
**湿度**：中等
**养护**：很容易
**株高 & 冠幅**：45 × 30 厘米

这种表现一流的家居植物拥有引人注目的箭头形深绿色叶片和全年开放的优雅蜡质花。种植在简单、现代风格的花盆里效果最好，花色包括白色、红色、粉色和时尚的深酒红色，由一枚泪滴状佛焰苞（叶片状叶鞘）和一根长长的肉穗花序（微小单花构成的穗状花序）组成。除了极具风格的漂亮外表和显而易见的魅力外，花烛还很容易种植。

**浇水**：全年保持基质湿润；避免涝渍，否则容易烂根。每几天喷水一次，或者放置在装有潮湿卵石的托盘里。

**施肥**：春季至夏季，每两周施加一次 1/2 浓度的高钾液体肥。

**种植和养护**：使用多用途基质和土壤基质的等比例混合基质种植在 12.5—20 厘米的花盆中，令根坨刚好露出土壤表面。用苔藓覆盖根坨，防止变干。全年放置在明亮的半日照条件下，保持 16—24℃ 的气温。只在植株的根系受限时换盆。

*花烛——白花类型*

大多数花烛开鲜艳的红色花，但是清爽精致的白花类型也很受欢迎且广泛可得。

*"黑皇后"花烛*

深花色潮流让育种者制造了许多撩人的色彩，包括从酒红色到近乎黑色的单色，以及忧郁的双色。

# 木曼陀罗

**温度**：16—25℃
**光照**：全日照 / 半日照
**湿度**：中等
**养护**：很容易
**株高 & 冠幅**：1.2 × 1 米
**警告！** 全株有毒

这种高大的植物拥有硕大醒目的喇叭状花朵，在夜晚会散发令人昏昏欲睡的香味，非常适合种在家庭温室或明亮宽敞的房间里。花有黄色、粉色、白色和红色的，但这种植物有一大缺点——全株有毒，所以对于有孩子或宠物的家庭来说，它不是好的选择。

**浇水**：春季至初秋保持基质湿润；冬季气温降低时减少浇水，令基质刚好湿润即可。

**施肥**：春季，每月施加一次均衡液体肥；夏季换成高钾肥。

**种植和养护**：使用土壤基质种植在 20—30 厘米的花盆中。放置在阳光充足的地方，冬季转移到凉爽的室内。花期结束后，戴上手套将茎剪短，令其保持紧凑的株型，但不要修剪得太厉害，否则不会开花，每 2—3 年换盆。

# 洋桔梗

**温度：** 12—24℃
**光照：** 全日照/半日照
**湿度：** 低
**养护：** 很容易
**株高 & 冠幅：** 30 × 45 厘米

这种开杯状花的漂亮一年生植物常常被用在花艺中，但是它也可以作为家居植物种植，为春季和夏季的植物搭配增添一抹色彩。它的花色多样，包括紫色、粉色、白色和双色。留意株型紧凑的品种，它们有时被当作花园地栽植物出售。

**浇水：** 春季至秋季保持土壤湿润，但不要过度浇水。

**施肥：** 从春季至秋季，每两周施加一次高钾肥料。

**种植和养护：** 使用多用途基质将洋桔梗种植在宽 15—20 厘米的花盆中。如果将其放置在阳光充足的地方，在春天买来的幼苗会迅速生长。夏天要防止正午阳光直射。在春季掐掉茎尖，得到开更多花、更茂盛的植株。随时去除已经枯萎的花。每年购买新植株。

# 紫芳草

**温度：** 18—24℃
**光照：** 半日照
**湿度：** 中等至高
**养护：** 很容易
**株高 & 冠幅：** 20 × 20 厘米

这种植物每年只能观赏几个月，但它有香味的蓝紫色黄心花朵可以在一丛有光泽的绿色叶片上开放数周，这让它很值得种植。它是二年生植物，也就是说它在第一年生长叶片，然后在第二年开花，你买到的带叶植株通常会在当年开花。

**浇水：** 保持基质湿润——如果根系变干，花会迅速凋谢。每 1 天或 2 天使用微温的水喷水，或者放置在装有潮湿卵石的托盘上。

**施肥：** 从春季至夏末，每两周施加 1/2 浓度的均衡液体肥。

**种植和养护：** 你应该不需要给植株换盆，但是如果你的植株根系受限（见第 192—193 页），使用多用途基质将它转移到稍大一点的花盆里。在冬季或初春尝试用种子种植（见第 208—209 页）。

# 栀子花

**温度：** 16—24℃
**光照：** 半日照
**湿度：** 高
**养护：** 很容易
**株高 & 冠幅：** 60 × 60 厘米
**警告！** 全株对宠物有毒

这种灌木的主要吸引力在于硕大的圆形花朵，花呈白色，有香甜气味，夏季和秋季开放在有光泽的深绿色叶片之中。在温暖无霜的气候条件下，它可以长成硕大的植株，但是在室内进行盆栽时，高度极少超过 60 厘米。

**浇水：** 春季至秋季，浇灌微温的蒸馏水或雨水，保持基质湿润。冬季，基质表面变干时浇水。经常为叶片（而不是花）喷水，或者放置在装有潮湿卵石的托盘里。

**施肥：** 从春季至夏末，每两周施加一次 1/2 浓度专门为喜酸植物设计的肥料。

**种植和养护：** 使用杜鹃花基质将栀子花种植在 20—30 厘米的花盆里。放置在避开直射阳光和气流的明亮地点。为了防止蓓蕾发育失败，它在夏季需要 21—24℃的日温和 16—18℃的夜温。在冬季转移到阳光充足的窗台。每 2—3 年在春天换盆。

## 非洲菊

**温度**：13—24℃
**光照**：全日照/半日照
**湿度**：低至中等
**养护**：很容易
**株高&冠幅**：最大60×60厘米

非洲菊的视觉效果非常出色，经常被用在花束中，在高高的花茎顶端开放鲜艳的头状花序，鲜艳的绿色叶片呈三角形，略微浅裂。花主要出现在夏天，但是只要有温暖的室内环境和足够的光照，它们就可以间歇性地全年开放。

**浇水**：春季至夏季保持基质湿润，但不能潮湿。冬季减少浇水，让基质表面在两次浇水的间隔变干。

**施肥**：春季至夏末，每两周施加一次均衡液体肥。

**种植和养护**：使用多用途基质和土壤基质等比例混合而成的基质种植在12.5—15厘米的花盆里。放置在明亮、凉爽、通风良好的地点，避开夏季正午的阳光。如果夜间温度不降至10℃以下，非洲菊常常全年开花。根系受限时换盆。

## 朱槿

**温度**：10—26℃
**光照**：全日照/半日照
**湿度**：中等
**养护**：容易
**株高&冠幅**：1×2米

这种瓶状植物在夏天最漂亮，硕大的喇叭状花朵和茂盛的绿叶构成一幅多彩的画面。在光照良好的温暖房间里，它也可以在一年当中的其他时间开花。花有多种颜色，包括白色、红色、黄色或橙色，大部分品种的每朵花中央都有一个深红色的喉部。

**浇水**：春季至秋季保持基质湿润；冬季减少浇水，等基质表面变干时再浇水。经常喷水，或者放置在装有潮湿卵石的托盘里。

**施肥**：春季至秋季，每两周施加一次均衡液体肥。

**种植和养护**：使用室内植物基质（或者多用途基质和土壤基质等比例混合而成的基质）种植在20—25厘米的大花盆里。放置在明亮的光照下，但是在夏天要避开阳光直射，并远离气流。在春季修剪以保持植株的紧凑株型。每年春天更换表层基质，每2—3年换盆。

## 新几内亚凤仙

**温度**：16—24℃
**光照**：半日照 / 半遮阴
**湿度**：中等
**养护**：容易
**株高 & 冠幅**：20 × 30 厘米

与其他常见的凤仙花相比，这种类型更具异域风情，数量丰富的圆形花呈粉色、淡紫色、红色、白色或者橙色，与深绿色或些许呈古铜色的叶片构成美丽的组合。在夏季，它可以种植在室外，也可以成为一种良好的家居植物，在春末至秋季为室内添加鲜艳的色彩。

**浇水**：春季至秋季保持基质湿润；冬季基质表面变干时浇水。

**施肥**：春季至秋季，每两周施加一次高钾肥料。

**种植和养护**：使用多用途基质种植在12.5—15厘米的中等大小的花盆里；这些植物喜欢受到压迫，所以不要选择过大的容器。放置在避开阳光直射的明亮地点，并随时去除枯死的花以延长花期。在秋季取插穗，或者在每年春天播种或购买新植株。

## 绣球

**温度**：-10—21℃
**光照**：半日照 / 半遮阴
**湿度**：中等
**养护**：很容易
**株高 & 冠幅**：1 × 1 米
**警告！** 全株有毒

虽然这种大灌木不喜长期室内种植，但是在几年的时间里，它还是可以成为一种美丽的家居植物的。苹果绿的落叶叶片和夏季的硕大花朵为单调的室内增添生气。

**浇水**：春季至秋季保持基质湿润；对于蓝色品种，使用雨水或蒸馏水浇灌。在冬天令基质保持刚好湿润即可。

**施肥**：春季和夏季，每两周施加一次1/2浓度的均衡液体肥。

**种植和养护**：如果你有蓝色品种，使用杜鹃花基质种植在20—25厘米的花盆里，对于其他花色，使用土壤基质种植在明亮的半日照房间或门厅里。冬季转移到棚屋或车库里，春季搬到室内。在早春进行轻度修剪。一或两年后，种在花园或者室外露台的大花盆里。

## 虾衣花

**温度**：15—25℃
**光照**：全日照 / 半日照
**湿度**：低
**养护**：容易
**株高 & 冠幅**：60 × 60 厘米

这种不同寻常的墨西哥家居植物可以成为引人入胜的话题焦点，珊瑚红和黄色相间的花像小虾，因此得名。花包括小小的白色花和包裹这些小花的彩色苞片（花瓣状变态叶），全年出现在披针形叶片之间。

**浇水**：确保基质在春季和夏季保持湿润；冬季，基质表面变干时浇水。

**施肥**：仲春至初秋，每两周施加一次均衡液体肥。

**种植和养护**：使用土壤基质种植在15—20厘米的中等大小花盆里。放置在明亮的地方，但在夏天要保护植株免遭阳光直射。这种植物受益于每年春天的重度修剪，这样做可以令其保持紧凑，株型更加茂盛。每2—3年根系受限时在春天换盆。

## 马缨丹

**温度**：10—25℃
**光照**：全日照 / 半日照
**湿度**：低
**养护**：很容易
**株高 & 冠幅**：盆栽最大 1×1 米

这是一种有潜力长得很大的灌木，从春季到秋末被小小的簇生圆形花序装点。它会让你想起在地中海或加州度过的假日，它在这些地方常常被种在室外的花盆里。花色多样，包括粉色、红色、黄色和奶油色。大植株可以整枝成标准型保持紧凑，你也可以购买低矮品种。

**浇水**：在春季至秋季的生长期保持基质湿润，在冬季保持基质刚刚湿润即可。

**施肥**：春季至秋季，每月施加一次均衡液体肥。

**种植和养护**：将土壤基质和沙砾按照 3∶1 的比例混合，将植株种植在 20—30 厘米的花盆中，放置在全日照环境下。如果植株生长得超出了既有空间，就在冬天修剪枝条，每 2—3 年为根系受限的植株换盆。还可以使用种子种植（见第 208—209 页）。

## 宝莲花

**温度**：17—25℃
**光照**：半日照
**湿度**：中等至高
**养护**：有难度
**株高 & 冠幅**：最大 1.2×1 米

这种瑰丽的植物原产自菲律宾的热带森林，夏季开花时非常引人注目。长长的拱形花茎上长着硕大低垂的花序，花序包括粉色苞片和微小的紫色花和种子。宽阔的深绿色卵圆形叶片拥有醒目的脉纹，增添了观赏性。最好种植在高花盆或者台子上，让花从周边垂下。

**浇水**：从下边少量浇水，方法是将花盆放置在装有微温雨水或蒸馏水的托盘里，静置 20 分钟，然后将其取出，排出多余的水分。允许基质在两次浇水的间隔变干，并在花期过后的冬天减少浇水，直到新的花茎在第二年春天出现。每天或每两天给植株喷水，或者放置在装有潮湿卵石的托盘里。

**施肥**：春季至夏末，每两周施加一次 1/2 浓度的高钾液体肥。

**种植和养护**：使用兰花基质将宝莲花种植在 20—25 厘米的花盆中，放置在明亮区域，避免阳光直射。在冬天，令它靠近日光充足的窗户。花期过后摘除花茎。每 2—3 年换盆。

## 天竺葵

**温度：** 7—25℃
**光照：** 全日照/半日照
**湿度：** 低
**养护：** 容易
**株高&冠幅：** 最大40×25厘米

虽然天竺葵常常作为夏天花园里的盆栽出现，但有些品种还可以是漂亮的家居植物，而且在室内的花期更长。比如帝王天竺葵和马蹄纹天竺葵，前者花大簇生，后者的叶片带深色环状斑纹。花较小的香叶天竺葵也深受人们喜爱，叶片被触动时会释放出柠檬、薄荷或月季香味。

**浇水：** 春季至夏季，允许基质在两次浇水的间隔变干，不要打湿叶片或花朵。在冬季，保持基质近乎干燥。

**施肥：** 在春天每两周施加一次均衡液体肥，然后在夏天换成高钾肥料，如番茄肥料。

**种植和养护：** 使用添加部分沙砾的多用途基质或土壤基质将天竺葵种植在12.5—20厘米花盆中。放置在避开夏日正午阳光且通风良好的明亮区域。在早春植株重新开始生长之前将茎剪短。每年使用新鲜基质将其换到稍大的花盆里。

## 瓜叶菊

**温度：** 5—21℃
**光照：** 半日照
**湿度：** 低
**养护：** 容易
**株高&冠幅：** 40×25厘米

鲜艳的紫粉色、蓝色、紫色或双色头状花序色彩缤纷，让瓜叶菊成为春季和夏季最吸引眼球的花卉。花开在拥有波状边缘的三角形绿色叶片上方。如果在初夏将这些冷季型一年生植物剪短，它们还会在当年晚些时候再次开花。

**浇水：** 确保基质湿润，但绝不能潮湿，否则容易烂根。

**施肥：** 春季至秋季，每月施加一次均衡液体肥。

**种植和养护：** 使用多用途基质将瓜叶菊种植在15厘米的中等大小花盆里，然后放置在凉爽明亮的房间里，远离暖气片和加热器。花凋谢后，将枝条剪短至距基质上方10—15厘米处，促进当年第二次开花。每年购买新的植株。

## 石榴

**温度：** −5—25℃
**光照：** 全日照/半日照
**湿度：** 低
**养护：** 很容易
**株高&冠幅：** 2×2米

在气候温和的地区，石榴可以长成大灌木，但是在室内盆栽时，它们的大小会受到限制。它们是落叶植物，叶片呈卵圆形，绿色，幼嫩时呈古铜色，夏末开漏斗状红色花，结可食用的圆形果实。作为石榴的一个低矮类型，月季石榴很适合种在狭小的空间里，但它的果实不能食用。

**浇水**：春季至秋季保持基质湿润；在整个冬天，等基质表面变干时浇水。

**施肥**：春季至夏季每月施加一次均衡液体肥，然后在花蕾出现时换成高钾肥。

**种植和养护**：将土壤基质和沙砾以3∶1的比例制成混合基质，使用这种混合基质将石榴种植在20—30厘米的大花盆里。在春天，将其放置在阳光充足的房间里，但是在冬季落叶后需转移到更凉爽的地方。只有在气温至少为13—16℃时，果实才会成熟。在春季修剪，每2—3年换盆。

# 非洲堇

**温度**：16—24℃
**光照**：半日照
**湿度**：中等
**养护**：很容易
**株高&冠幅**：最大7.5×20厘米

这种经典的家居植物曾经在英国十分流行，几乎每家都有，如今正在迎来复兴。小而圆的花朵颜色多样，包括粉色、红色、紫色和白色，而且花瓣还可能有褶皱或褶边。非洲堇全年开花，花开在柔软、圆形的深绿色叶片上方，叶背面可能呈红褐色。

**浇水**：从下边浇水，方法是将花盆放进盛水的浅托盘里大约20分钟，然后取出静置，排出多余的水分；涝渍的基质会导致烂根。允许基质表面在浇水的间隔变干。放置在装有潮湿卵石的托盘里以增加湿度。

**施肥**：春季至夏末，每月施加一次均衡液体肥。

**种植和养护**：使用室内植物基质（或者土壤基质和多用途基质按照2∶1的比例混合而成的基质）种植在7.5—10厘米的花盆中。放置在避开气流的半遮阴条件下，但是在冬季需将其转移到阳光充足的窗台上。随时去除枯花。只在根系严重受限时换盆。

# 杜鹃花

**温度**：10—24℃
**光照**：半遮阴
**湿度**：低
**养护**：很容易
**株高&冠幅**：45×45厘米
**警告！** 全株有毒

在春天，杜鹃花开是令人兴奋的事，每到这个时候，有光泽的深绿色叶片与花朵的组合将为任何冷凉的房间增添生气。花朵簇生，单瓣或重瓣，花瓣有时带有褶边，呈粉色、红色、白色或双色。花蕾也是美丽的，而且花期能持续多个星期。

**浇水**：早春至秋季使用雨水或蒸馏水浇水，保持基质湿润；冬季稍微减少浇水，但是不要让植株变干。

**施肥**：从春季至秋季，每月施加一次为喜酸植物设计的均衡液体肥。

**种植和养护**：根据杜鹃花的尺寸，使用杜鹃花基质种植在15—20厘米的花盆中。开花时放置在半遮阴的凉爽房间里。夏季将植株放置在室外阴凉处或凉爽的室内。每2—3年根系受限时在春季换盆。

## 珊瑚樱

温度：10—21℃
光照：半日照
湿度：低
养护：很容易
株高 & 冠幅：45 × 60 厘米
**警告！** 全株有毒

这种植物在一年当中很大一部分时间里毫不起眼，但是在冬季则异彩纷呈，此时形似番茄的红色果实出现，为冬季的节日装饰增添一抹自然色彩。边缘呈波状的深绿色叶片和夏天开放的星状白色花朵具有观赏性。果实有毒，不可食用。

**浇水：** 春末至仲冬保持基质湿润。果实枯萎后，基质表面变干时浇水。

**施肥：** 从春末至果实出现，每个月施加一次均衡肥料。挂果后，留出几周不施肥的时间。

*种植和养护：* 使用土壤基质和多用途基质等比例混合，将这种植物种植在10—15厘米或者更大的花盆里。秋季至第二年春季放置在明亮地点。霜冻过后放置在室外，夏天转移到凉爽明亮的房间。果实枯萎后，将枝条剪短一半，促进植株长得更加茂盛。每2—3年在春天换盆。

## 弯穗苞叶芋

温度：12—24℃
光照：半日照 / 半遮阴
湿度：中等
养护：容易
株高 & 冠幅：60 × 60 厘米
**警告！** 全株有毒

弯穗苞叶芋是一种优雅的家居植物，深绿色叶片有光泽，花大洁白。花由肉穗花序和泪滴状佛焰苞构成，前者是由小花构成的穗状花序，后者是花瓣状鞘。春季开花，花期长，并逐渐从白色变成绿色。这种植物还有助于减少空气中的污染物。

**浇水：** 从春季至秋季，保持基质湿润；在冬季基质表面变干时浇水。经常喷水，或者放置在装有卵石的托盘里。

**施肥：** 从早春至秋末，每两周施加一次均衡液体肥。

**种植和养护：** 使用土壤基质和多用途基质等比例混合而成的基质将弯穗苞叶芋种植在15—20厘米花盆里。放置在明亮处或者有一定遮阴的地方，避开阳光直射。花期过后去除花茎。在根系受限时换盆。

## 鹤望兰

温度：12—24℃
光照：全日照 / 半日照
湿度：中等
养护：有难度
株高 & 冠幅：90 × 60 厘米
**警告！** 全株有毒

硕大的蓝灰色桨状叶片为这种植物雕塑般的花朵提供了背景。极具异域风情的花看上去像一只热带的鸟，需要发育数月才会出现在至少三年的成年植株上。

**浇水：** 春季和夏季保持基质湿润；在秋季和冬季减少浇水，基质表面变干时再浇水。每天喷水，放置在装有潮湿卵石的托盘上，或者使用空气加湿器。

**施肥：** 从春季至秋季，每两周施加一次均衡液体肥。

**种植和养护：** 使用土壤基质和沙砾按照3：1的比例混合而成的基质种植在20—30厘米的花盆中。放置在全日照条件下并在夏季提供良好通风。每年更换表层基质；每2年在春天换盆。

# 海角苣苔

**温度**：12—24℃
**光照**：半日照／半遮阴
**湿度**：中等
**养护**：容易
**株高 & 冠幅**：60×60厘米

这些大量开花的植物拥有纷繁多样的花色，从白色、粉色、红色到蓝色和紫色，适合搭配任何一种装修或陈设。还有许多花瓣呈双色或者带有花纹的品种。从春季至秋季，花开在细长的花茎上，花下是一簇长矛状带皱的绿色叶片，不过有些类型也在冬天开花，如"水晶"系列品种。海角苣苔很容易种植，可以连续多年装饰你家的窗台或明亮区域。

**浇水**：从植株上方或下方浇水，后者的方法是将花盆放置在装水的托盘里20分钟，然后取出静置，排出多余的水。春季至秋季基质表面变干时浇水，冬季减少浇水，令基质近乎干燥。过度浇水会导致烂根。

**施肥**：从春季至秋季，每月施加一次高钾肥料。

**种植和养护**：使用多用途基质或室内植物基质种植在10—15厘米的花盆中。放置在半遮阴的地方，如在白天一半的时间接受直射光的窗户附近。在冬天，将它转移到在白天大部分时间接受直射光的窗台上。花开始枯萎时去除花茎，并在春季新叶萌发时去除老旧叶片。每年春天换到稍大的容器中，但要让植株的根系稍微受限。

*圆点紫海角苣苔*

作为较不常见的品种之一，圆点紫（Polka-Dot Purple）的白花上有精美的紫色蕾丝状花纹，从远处观看仿佛是斑点。

*流星海角苣苔*

这种备受赞誉的浅蓝色海角苣苔（Falling Stars）从初春大量开放小花，一直开到秋季。

*粉莱拉海角苣苔*

粉莱拉（Pink Leyla）的花令人不禁凑到近前，欣赏洁白的上花瓣和下花瓣表面的玫粉色花纹。

*塔尔加海角苣苔*

你会发现塔尔加海角苣苔（Targa）还被冠以"斯特拉"（Stella）之名，无论叫什么，它都是个优秀的品种，开出大量丝绒质感的花。花略带光泽，呈现出两种浓郁的紫色。

# 蕨类植物

　　蕨类的优雅拱形枝条上长着细裂或边缘呈波状的叶片，是适合背阴区域生长的美丽家居植物。尝试在桌子或台子上摆放一盆蕨类植物，作为优雅的视觉焦点，或者将几株蕨类摆在一起，打造苍翠繁茂的林地效果。蕨类不开花结籽，而是通过蕨叶背面棕色小囊（孢子囊）中的孢子进行繁殖。

## 楔叶铁线蕨

**温度**：10—24℃
**光照**：半日照/半遮阴
**湿度**：中等至高
**养护**：很容易
**株高 & 冠幅**：50×80厘米

这种优雅的蕨类拥有深色枝条和小而圆的叶片，全株轻盈通透且似小树，放在桌子或架子上分外引人注目。因为它可以在潮湿环境中良好生长，所以它还是打造玻璃容器景观的好选择。

**浇水**：任何时候都要保持基质湿润，但不能潮湿，可以放置在装有潮湿卵石的托盘上，或者每天喷水。

**施肥**：从春季至秋季，每月施加一次均衡液体肥。

**种植和养护**：使用多用途基质种植在15—20厘米的花盆中。放置在半遮阴处，避免直射光和气流；潮湿的浴室或厨房是不错的位置。在每2年的春天换盆。如果植株开始看上去邋里邋遢，就在春天将所有枝条剪至基部；它会很快萌发出健康的枝叶。

## 鸟巢蕨

**温度**：13—24℃
**光照**：半日照/半遮阴
**湿度**：中等至高
**养护**：很容易
**株高 & 冠幅**：最大60×40厘米

和许多蕨类不同的是，这种蕨拥有宽大的带状叶片，而且叶片不裂。漂亮的鲜绿色叶片构成紧凑的花瓶形，一些类型如波叶鸟巢蕨则拥有起皱且边缘呈波状的叶片，就像弗拉明戈衬衫的褶边。

**浇水**：任何时候都要保持基质湿润，不要让水滴进蕨叶丛中，否则可能导致其腐烂。每1—2天使用雨水或蒸馏水喷水，或者放置在装有潮湿卵石的托盘里。

**施肥**：从春季至初秋，每两周施加一次1/2浓度的均衡液体肥。

**种植和养护**：使用木炭、壤土基质和多用途基质等比例混合而成的基质种植在15—20厘米的花盆里。放置在避开气流和直射光的地方，浴室是个不错的位置。每2年在春天为幼年植株换盆。

## 非洲天门冬

**温度**：13—24℃
**光照**：半日照/半遮阴
**湿度**：低至中等
**养护**：容易
**株高 & 冠幅**：60×60厘米

虽然外表非常精致，但非洲天门冬很容易种植，可以在吊篮或高花盆里长得很漂亮，羽状叶片从四边垂下。虽然并不是真正的蕨类，但它的细裂叶片和整体外表让它在国外常常被当作蕨类出售。

**浇水**：春季至秋季保持基质湿润；在冬季减少浇水，让基质表面在两次浇水的间隔变干。和真正的蕨类相比，它更能忍耐较为干燥的空气，偶尔为叶片喷水可以让它保持健康。

**施肥**：从春季至秋季，每月施加一次1/2浓度的均衡液体肥。

**种植和养护**：使用土壤基质种植在10—15厘米的小至中型花盆中，然后放置在半日照或半遮阴条件下。在春天，去除棕色或过长枝条，如果根系受限，就换到大一号的容器里。

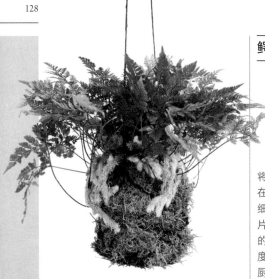

## 鳄鱼蕨

**温度**：13—24℃
**光照**：半遮阴
**湿度**：中等
**养护**：很容易
**株高 & 冠幅**：60 × 60 厘米

将这种令人过目难忘的蕨类放置在能够近距离观赏的地方，以便仔细观察其拥有独特鳄鱼皮纹理的叶片——与视线平齐的吊篮是最理想的选择。这种威风的植物需要一定湿度，可以在空间足够容纳它那宽展蕨叶的厨房或浴室里欣欣向荣。

**浇水**：春季至初秋，在基质表面快要变干时浇水；在冬季，基质表面变干时浇水。放置在装有潮湿卵石的托盘上，春季和夏季每几天给叶片喷水一次。

**施肥**：从春季至初秋，每月施加一次 1/2 浓度的均衡液体肥。

**种植和养护**：使用土壤基质和多用途基质等比例混合而成的基质种植在 15—20 厘米的花盆中。放置在半遮阴、避开直射光处；在冬天，可能需要将其转移到更靠近窗户的位置。每 2 年或者根系受限时换盆。

## 圆盖阴石蕨

**温度**：13—24℃
**光照**：半遮阴
**湿度**：中等至高
**养护**：很容易
**株高 & 冠幅**：30 × 50 厘米

当长而多毛的根状茎沿着花盆边缘垂下时，非常引人注目。你还可以在苔藓球（见第 76—79 页）中展示它们。深绿色的花边状叶片为这种植物增添了魅力。

**浇水**：春季至秋季保持基质湿润；在冬季，基质表面变干时浇水。

**施肥**：春季至初秋，每两周施加一次 1/2 浓度的均衡液体肥。

**种植和养护**：使用多用途基质和杜鹃花基质等比例混合而成的基质种植在 15—20 厘米的花盆或吊篮中。不要埋住毛茸茸的根状茎。放置在高湿度的地方，如浴室。夏季放置在半遮阴的凉爽处。如果植株的根系受限，在春天换盆。

## 波士顿蕨

**温度**：12—24℃
**光照**：半日照 / 半遮阴
**湿度**：中等
**养护**：很容易
**株高 & 冠幅**：60 × 60 厘米

这种蕨类深受人们的欢迎和喜爱，拱形细裂的绿色蕨叶像喷泉一样散开，从台面上的花盆或者吊篮中"喷涌"而出，效果非常出色。它相对容易养护，只需要保持空气湿润，以防叶片变成棕色。

**浇水**：从春季至秋季，保持基质湿润，但不能潮湿（蕨类在涝渍基质中容易腐烂）；冬季，基质表面变干时再浇水。经常喷水，或者放置在装有潮湿卵石的托盘上。

**施肥**：从春季至初秋，每月施加一次 1/2 浓度的均衡液体肥。

**种植和养护**：使用多用途基质和土壤基质等比例混合而成的基质种植在 12.5—15 厘米的花盆中，然后放置在避开直射光的半日照或半遮阴处。通风良好的浴室是个好地点。如果根系受限，每 2—3 年换到大一号的容器中。

## 纽扣蕨

温度：5—24℃
光照：半日照／半遮阴
湿度：中等
养护：容易
株高＆冠幅：30×30厘米

这种优雅蕨类的拱形蕨叶由纽扣状小叶组成，为观叶植物陈设增添了一抹轻快感。它还适合种植在小吊篮里，或者在更高大的喜阴植物的花盆里做镶边。虽然拥有精致的外表，但纽扣蕨比许多蕨类容易养护，可以忍耐更干的基质和更低的空气湿度。

**浇水**：从春季至秋季，当基质表面近于干燥时浇水；冬季稍微减少浇水。放置在装有潮湿卵石的托盘上，或者每隔几天给叶片喷水一次。

**施肥**：全年每月施加一次1/2浓度的均衡液体肥。

**种植和养护**：种植在15厘米或者能够容纳根坨的花盆中，使用杜鹃花基质并添加一把珍珠岩以提高排水性能。将你的蕨类放置在半日照或半遮阴区域，避开阳光直射——它不会受到气流的影响，而且耐冬季低温。每1—2年使用新鲜基质换盆，不要令其根系受限。

## 二歧鹿角蕨

温度：10—24℃
光照：半日照
湿度：高
养护：有难度
株高＆冠幅：30×90厘米

壮观的鹿角状蕨叶是令人无法忽视的存在，这也是这种要求较高的植物颇受欢迎的原因。它实际上生长着两种类型的蕨叶：基部的叶片圆而扁平，开始呈绿色，随着年份的增长会变成棕色，所以如果发生了这种情况也不要担心；硕大的鹿角形蕨叶是从这些较小的叶片长成的。

**浇水**：春季至初秋保持基质湿润——如果圆形叶片覆盖住了基质，就将花盆放置在装有水的托盘中15分钟，因为这些叶片泡水后会腐烂。冬季，基质表面变干时浇水。每天早上给叶片喷水，然后放置在装有潮湿卵石的托盘上，或者安装室内加湿器。

**施肥**：春季至初秋，每月施加一次均衡液体肥。

**种植和养护**：使用兰花基质将幼年蕨种植在中等大小的12.5—15厘米的花盆或吊篮中，然后将植株放置在避开直射光的潮湿地方，如浴室。每2—3年在春天换盆。

## 凤尾蕨

温度：13—24℃
光照：半日照／半遮阴
湿度：中等
养护：很容易
株高＆冠幅：60×60厘米

这种秀丽的蕨类深受人们的喜爱，铁丝般的枝条顶端生长着细长的指状叶片，单独展示并留出足够的伸展空间时它的效果最好。你可以选择叶片纯绿的原生品种，或者每片小叶中间有一道白色条纹的花叶类型。

**浇水**：春季至秋季，保证基质湿润但不能潮湿；在冬天，基质表面变干时浇水。每1—2天给叶片喷水。

**施肥**：春季至初秋，每月施加一次1/2浓度的均衡液体肥。

**种植和养护**：使用土壤基质、多用途基质和木炭按照2：1：1的比例混合而成的基质将幼年蕨种植在12.5—15厘米中等大小的花盆或吊篮中。放置在避开直射光的背阴且空气潮湿的地方，如浴室。从基部剪掉棕色或不整洁的叶片，每2年在春天换盆。

# 棕榈类植物

使用优雅的棕榈和类似棕榈的植物将你的家改造成热带乐园，或者在明亮的房间里增添几株，打造一抹美好年代（指"一战"前欧洲经济和文化大繁荣的时代）的感觉，棕榈就是在那时流行起来的。这些植物高大茂密，很多种类容易种植，但是如果你是新手，请在购买之前先确认一下种类，因为有些棕榈要求比较高。它们寿命长，只要得到恰当的养护，就能多年呈现美丽的姿态。

## 酒瓶兰

温度：5—26℃
光照：全日照 / 半日照
湿度：低
养护：容易
株高 & 冠幅：最大 2 × 1 米

酒瓶兰原产于墨西哥，拥有喷泉或丝发状叶片和纹理独特的树干，再加上膨大的基部，令它在任何家居植物陈设中都能成为焦点。虽然它并不是真正的棕榈（它是丝兰的近亲），但相似的特征经常让人把它与棕榈类植物搭配在一起。

浇水：夏季每周浇一次水，基质表面变干时浇水；膨大的茎可储存水分，如果它偶尔被你遗忘，也可以靠茎中的水分存活。在冬季，应该保持基质近于干燥的状态。

施肥：春季和夏季，每月施加一次 1/2 浓度的均衡液体肥。

种植和养护：使用土壤基质和尖砂按照 3：1 的比例混合，将你的植株种植在 25—30 厘米的大花盆里。放置在明亮光照下。每年春天补充表层基质，每 2—3 年使用只大一号的容器为这种生长缓慢的植物换盆。

## 短穗鱼尾葵

**温度**：13—24℃
**光照**：半日照
**湿度**：中等至高
**养护**：很容易
**株高 & 冠幅**：最大 2.5 × 1.5 米
**警告！** 全株有毒

这种棕榈类植物不同寻常的三角形叶片让它成为一种有趣的家居植物。带锯齿的鱼尾状叶片看上去像是被撕过或者啃食过，而茎则优雅地向外舒展。

**浇水**：春季至秋季，在基质表面感觉刚刚干燥时浇水；冬季略微减少浇水。放置在装有潮湿卵石的托盘上，每 1—2 天给叶片喷水。

**施肥**：春季至秋季，每月施加一次均衡液体肥。

**种植和养护**：使用土壤基质种植在刚好能够容纳根坨的容器中（它喜欢根系受限）。放置在避开直射光的半日照条件下。每 2—3 年为幼年植株换盆；成年后每年春天更换表层基质。

## 袖珍椰子

**温度**：10—27℃
**光照**：半遮阴
**湿度**：低至中等
**养护**：容易
**株高 & 冠幅**：1.2 × 0.6 米

这种很受欢迎的棕榈类植物优雅地长出一束茂盛的羽状叶片。喜阴且耐低湿度环境，种植难度很低，而且可以净化空气。成年植株有时会开出成簇的黄色小花。

**浇水**：夏季，基质表面变干时浇水；冬季减少浇水，令基质近乎干燥。经常为叶片喷水。

**施肥**：春季至秋季，每月施加一次均衡液体肥。

**种植和养护**：使用土壤基质和多用途基质等比例混合，将袖珍椰子种植在 20—30 厘米的大花盆中。放置在半遮阴处，它不喜浓阴。剪掉基部任何变成棕色的叶片；叶片偶尔枯死是正常现象。每 2—3 年根系受限时换盆。

## 苏铁

温度：13—24℃
光照：半日照
湿度：中等
养护：容易
株高 & 冠幅：60 × 60 厘米
警告！全株有毒

虽然不是真正的棕榈类植物，但是这种粗壮的植物拥有纹理明显的树干，而且树干顶端生长着一簇拱形叶片，与棕榈类非常相似。虽然它实际上是一种苏铁（一类生长缓慢的古老植物），但就算出现在热带海滩上也毫无违和感。放置它时要小心尖锐的针状叶片。

浇水：春季至秋季，基质表面变干一点的时候浇水。在冬季，基质应该几乎干燥。浇水过多或者直接将水浇在萌发叶片的位置会导致腐烂。在夏季，为叶片喷水。

施肥：春季至秋季，每月施加一次 1/2 浓度的均衡液体肥。

种植和养护：使用土壤基质和多用途基质等比例混合将苏铁种植在 20—30 厘米的花盆中。放置在避开直射光的明亮光照条件下，冬季远离取暖设备。它是一种生长缓慢的植物，每 3 年或根系受限时换盆。

## 散尾葵

温度：13—24℃
光照：半日照
湿度：中等
养护：很容易
株高 & 冠幅：2 × 1 米

这种很受欢迎的家居植物拥有宽阔的拱形掌状叶片，呈现有光泽的绿色。夏季可能开稀疏的黄色小花。它种植简单，而且是消除室内空气污染的最佳植物。

浇水：春季至初秋，基质表面变干时浇水；冬季减少浇水，令基质保持近乎干燥。每 1—2 天喷水一次，或者放置在装有潮湿卵石的托盘里。

施肥：在春季至秋季的生长期，施加 2—3 次均衡液体肥。

种植和养护：使用土壤基质种植在 20—30 厘米的花盆中。放置在半日照条件下，冬季远离取暖设备。去除基部的枯死叶片。如果根系受限，每 3 年在春天换盆。

## 肯蒂亚棕榈

温度：13—24℃
光照：半日照
湿度：中等
养护：很容易
株高 & 冠幅：最大 3 × 2 米

肯蒂亚棕榈非常适合背阴房间。高高的茎秆上长着有光泽的深绿色叶片，优雅地向外舒展，造就了这种引人注目的主景植物。它相对容易种植，是新手的好选择。

浇水：春季至秋季，在基质表面略微干燥时浇水；冬季少量浇水，令基质刚刚湿润即可。放置在装有潮湿卵石的托盘里，或者每几天喷水一次。

施肥：春季至初秋，每两周施加一次均衡液体肥。

种植和养护：使用土壤基质和尖砂以 3：1 的比例混合，将它种植在 20—30 厘米的花盆中。放置在半遮阴处，避开气流。每年春天更换表层基质，只在植株根系严重受限时换盆。

## 江边刺葵

温度：10—24℃
光照：半日照/半遮阴
湿度：中等
养护：很容易
株高&冠幅：1.8×1.5米

作为蔚蓝海岸沿线的典型棕榈类植物之一，这种植物拥有纹理明显的茎和秀丽的羽状叶片，呈现出一种有格调的优雅。它的宽度几乎和高度相等，需要大量空间展示其雕塑般的轮廓。成年植株在夏天开奶油色的花，然后结可食用的果实。

**浇水**：春季至秋季保持基质湿润，冬季基质表面变干时浇水。放置在装有潮湿卵石的托盘里，在温暖天气里经常为叶片喷水。

**施肥**：春季至秋季，每月施加一次均衡液体肥。

**种植和养护**：使用土壤基质种植在刚好能够容纳根坨的花盆里。放置在半日照或者半遮阴处，避开气流。如果有可能，在冬季搬到比较凉爽的房间里。每年春天更换表层基质；每2—3年根系受限时换盆。

## 棕竹

温度：10—25℃
光照：半遮阴/遮阴
湿度：低至中等
养护：容易
株高&冠幅：最大2×2米

如果你正在寻找某种不一样的棕榈，可以试试这种不同寻常的植物。它的茎似竹子，硕大的掌状叶片由末端平钝且有棱纹的单叶构成，摆放在大房间或者门厅里时非常引人注目。生长缓慢且耐低光照条件，它是最容易种植的棕榈类植物，很适合新手。尺寸较小的矮棕竹也是一个好选择。

**浇水**：春季至秋季保持基质湿润，但要避免涝渍。冬季减少浇水，令基质表面在两次浇水的间隔有干燥感。在夏季，每几天为叶片喷水一次。

**施肥**：在春季至秋季的生长期，施加2—3次均衡液体肥，或者在初春施加一次缓释肥。

**种植和养护**：使用多用途基质和珍珠岩按照3：1的比例混合，种植在刚好能够容纳根坨的花盆里。放置在半遮阴处；它在夏天可以忍耐比较背阴的环境，但是在冬天需要离窗户更近。剪去出现在枝干上的褐色老叶。每2—3年根系受限时换盆。

# 蔓生和攀缘植物

　　利用这些蔓生和攀缘植物的花和叶覆盖墙壁，将色彩注入你头顶上方的空间。一些攀缘植物可以种植在苔藓柱上，令其保持紧凑的株型，你还可以让它们将茎伸展到固定在墙壁上的铁丝和框格架子上。蔓生植物容易种植在吊篮中，也可以从架子上倾泻而下，是地面空间紧张时的完美选择。

## 口红花

**温度**：18—27℃
**光照**：半日照
**湿度**：中等
**养护**：很容易
**株高 & 冠幅**：20 × 70厘米

长着肉质绿色叶片的枝条像瀑布一样垂下，全年制造茂盛的观叶效果，但真正的好戏在夏天上演，此时这种蔓生植物开出壮观的红色管状花，它们从颜色更深的花萼中伸出，像一支支鲜艳的口红。

**浇水**：春季至秋季，当感觉基质表面干燥时使用微温的雨水或蒸馏水浇灌。冬季保持稍微干燥。每1—2天喷水一次。

**施肥**：春季和夏季，每月施加一次1/2浓度的均衡液体肥。

**种植和养护**：使用土壤基质、沙子和珍珠岩按照4：1：1的比例混合，种植在恰好能够容纳根坨的容器中。悬挂在明亮半日照条件下，避开直射光，并全年保持温暖。根系重度受限时，在春天换盆。

## 杂种三角梅

**温度**：10—26℃
**光照**：全日照
**湿度**：低
**养护**：很容易
**株高 & 冠幅**：最大 1.5 × 1.5 米
**警告！** 全株有毒

在阳光充足的房间，这种攀缘植物可以用长着绿色小叶片和鲜艳花朵的缠绕茎覆盖一面墙壁，你也可以将它整枝固定在竹竿或线圈上，令植株保持紧凑。质感像纸一样的花由红色、粉色或白色苞片（花瓣状变态叶）与微小的奶油色花构成。

**浇水**：春季至初秋保持基质湿润；冬季减少浇水，令基质刚刚湿润即可。

**施肥**：春季至夏末，每两周施加一次均衡液体肥，每隔两次换成高钾肥料。

**种植和养护**：使用土壤基质种植在大小适合根坨的容器中。放置在全日照条件下，然后将茎绑到固定在墙壁上的竹竿、线圈或铁丝上。在秋季修剪侧枝。每 2 年给年幼植株换盆；成年后每年春天更换表层基质。

## 爱之蔓锦

**温度**：8—24℃
**光照**：全日照 / 半日照
**湿度**：中等
**养护**：容易
**株高 & 冠幅**：5 × 90 厘米

正如它的名字描述的那样，这种植物如同丝线的茎生长着小小的心形叶片，从花盆边缘垂下来。将它放置在足够高的地方，令植株的长枝垂到你能够观赏叶片的高度。叶片带有花纹，表面灰绿色，背面紫色。夏季开微小的粉紫双色管状花，结细长的针状荚果。

**浇水**：只在基质表面感觉干燥时浇水；在冬季减少浇水，令基质近乎干燥。

**施肥**：夏季，每两周施加一次 1/2 浓度的均衡液体肥。

**种植和养护**：使用仙人掌基质种植在 10—20 厘米的花盆中。放置在明亮光照条件下的吊篮或者架子上；如果光照太弱，它会褪色。

## 吊兰

**温度**：7—25℃
**光照**：半日照 / 半遮阴
**湿度**：低
**养护**：容易
**株高 & 冠幅**：12 × 60 厘米

不要只是因为吊兰广泛易得而且容易种植就不考虑它。种在台面上的花盆或者吊篮里时，它很吸引眼球，绿黄相间的拱形叶片优雅地从边上伸出，缀在长枝上的小植株仿佛柔韧蛛丝上的蜘蛛。

**浇水**：春季至秋季保持基质湿润，冬季基质表面变干时浇水。

**施肥**：从仲春到初秋，每 2—3 周施加一次均衡液体肥。

**种植和养护**：使用多用途基质和土壤基质等比例混合而成的基质，种植在能够容纳根坨的花盆中。放置在半日照或半遮阴处，避免直射光。它可以忍耐比较阴蔽的区域，但可能无法产生小植株。每 2—3 年根系受限时在春天换盆。

## 菱叶白粉藤

温度：12—24℃
光照：半日照/半遮阴
湿度：低
养护：容易
株高 & 冠幅：最大 2 × 2 米

这种植物容易养护，有光泽的深裂叶片从吊篮垂下，或者沿着框格架子向上攀爬，覆盖墙壁。叶片幼嫩时有银色光泽，成熟时变成深绿色，呈现出双色效果。

浇水：春季至秋季保持基质湿润；冬季减少浇水，令基质刚刚湿润即可。

施肥：从春季至秋季，每月施加一次均衡液体肥。

种植和养护：使用土壤基质种植在15—20厘米的花盆中。如果你将它种植为攀缘植物，需要定期将嫩枝绑在支撑物上。在春天将长枝剪短，每2—3年或根系受限时换盆，或者每年春天更换成熟植株的表层基质。

## 绿萝

温度：15—24℃
光照：半日照/半遮阴/遮阴
湿度：低
养护：容易
株高 & 冠幅：最大 2 × 2 米
警告！全株有毒

作为最适合新手的家居植物，几乎不可毁灭的绿萝拥有蔓生或攀缘枝条和硕大的心形叶片，创造出茂密的热带效果。将它种在吊篮里或者将花盆放置在家中任何高处，避开阳光直射。

浇水：春季至秋季，基质表面变干时浇水；冬季保持刚刚湿润即可。

施肥：从春季至秋季，每月施加一次均衡液体肥。

种植和养护：使用土壤基质种植在适合根坨的花盆里。可放置于明亮或低光照环境，但要避开直射光。如果作为攀缘植物种植，可将枝条绑在苔藓柱、框格架子或铁丝上。在春天修剪。每2年换盆。每年春天更换成年植株的表层基质。

## 雪花薜荔

温度：13—24℃
光照：半日照／半遮阴
湿度：低
养护：很容易
株高＆冠幅：最大90×90厘米
警告！全株有毒

用这种秀丽的小型蔓生植物填满吊篮，或者为开花植物或更大的观叶植物的花盆镶边，令枝叶从花盆边上垂下。还可以整枝，令其爬上框格架子，小而圆的奶油色镶边叶片构成一片均匀的纹理。虽然很容易种植，但是如果不经常浇水，叶片很快就会变干。

浇水：所有时候都保持基质湿润，但在冬季可以稍微干燥一些。在炎热的夏季1—2天喷雾一次。

施肥：春季和夏季，每月施加一次均衡液体肥。

种植和养护：使用土壤基质种植在10—20厘米的花盆里。放置在半日照或半遮阴环境中。掐去茎尖，令植株更加茂盛。如果植株开始细弱徒长，就将它们剪得很短，促进新的枝叶生长。每2年春天换盆。

## 球兰属

温度：16—24℃
光照：半日照
湿度：中等
养护：很容易
株高＆冠幅：4×4米
警告！乳汁有毒

这种美丽的攀缘植物在夏季开出散发甜香气味的白色蜡质花。若要用叶片繁茂的长枝覆盖墙壁，选择球兰（*Hoya carnosa*）；如果你需要装饰较小的空间，选择如上图所示的株型更加紧凑的贝拉球兰（*Hoya lanceolata* subsp. *bella*）。

浇水：春季至秋季保持基质湿润；冬季，在基质表面干燥时浇水。放置在装有潮湿卵石的托盘上，或者经常喷水，但不要在有花蕾或开花时这么做。

施肥：春季至秋季，每两周施加一次1/2浓度的高钾肥料。

种植和养护：使用兰花基质、多用途基质和珍珠岩等比例混合而成的基质，种植在能够轻易容纳根坨的花盆中。秋季进行轻度修剪，但是不要去除花梗，因为它们会长出更多花。根系受限时在春天换盆。

## 多花素馨

温度：10—24℃
光照：半日照
湿度：低
养护：很容易
株高＆冠幅：最大3×3米

当这种攀缘植物在仲冬开花时，它的甜香气味将充满温度冷凉的房间，如门厅。花蕾呈粉色，并在深绿色叶片之中持续出现数周。这是一种大型植物，虽然你可以趁它幼年时将其整枝固定在竹竿上，但是如果不给它在铁丝或框格架子上留有充分伸展的空间，它很快就会长成一丛蓬乱的枝条。

浇水：春季至夏末保持基质湿润；冬季稍微减少浇水，但是保证基质在长出花蕾和开花时是湿润的。

施肥：春季至秋季，每两周施加一次均衡液体肥。

种植和养护：使用混合几把珍珠岩的土壤基质，种植在恰好容纳根坨的花盆里。保持凉爽，因为多花素馨不喜中央供暖的温暖房间。开花后修剪——你需要下重手才能让它保持紧凑的株型。只给幼年植株换盆；对于成年植株，只需每年春天更换表层基质。

# 飘香藤

温度：15—24℃
光照：半日照
湿度：中等
养护：有难度
株高＆冠幅：最大7×7米

这种缠绕攀缘植物拥有硕大的粉红色花朵，极具热带风情。它的魅力能够轻易将人俘获，但是要记住，它需要较大的空间才能良好生长，可能无法适应普通大小的客厅。它在阳光房或者带天窗的房间里都是一道出众的风景。

**浇水**：春季至秋季保持基质湿润；冬季减少浇水，令基质刚刚湿润即可。夏季，每天为叶片喷水。

**施肥**：春季，每月施加一次均衡液体肥，夏季换成高钾肥料。

**种植和养护**：使用土壤基质和沙砾按照3：1的比例混合而成的基质，种植在25—30厘米的大花盆里。放置在明亮光照处，夏季避开直射光。春季修剪，创造出3—5根强健枝条构成的框架；如果只有一根枝条，将它剪短至三分之一，促进更多枝条形成。每年春天更换表层基质而不是换盆。

138

## 龟背竹

温度：18—27℃
光照：半日照 / 半遮阴
湿度：中等
养护：容易
株高 & 冠幅：最大 8 × 2.5 米
警告！全株有毒

这种经典攀缘植物首次流行于 20 世纪 70 年代。它因叶片而受到追捧，有光泽的心形叶片深裂且穿孔，因此得名（英文名意为"蜂窝乳酪草"）。这种植物容易养护，常常将茎绑在苔藓柱上出售。

浇水：感觉基质表面干燥时浇水，冬季略微减少水量。每几天喷水一次，或者放置在装有潮湿卵石的托盘上。

施肥：春季至秋季，每月施加一次 1/2 浓度的均衡液体肥。

种植和养护：使用土壤基质和沙子按照 3：1 的比例混合而成的基质，种植在 20—30 厘米的花盆里。放置在半日照或半遮阴处；背阴环境中的叶片不会产生孔洞。春季修剪，并经常擦拭叶片除尘。每 2—3 年换盆，或者每年春天更换表层基质。

## 总状花西番莲

温度：12—24℃
光照：半日照
湿度：中等
养护：有难度
株高 & 冠幅：最大 3 × 1 米

最受欢迎的是开蓝色花的西番莲，它比较耐寒，更容易在气候温和的地区户外种植，而这个较不常见的红色类型不耐寒。夏季开醒目的碗状花，为阳光房或者有天窗的明亮房间带来一抹热带气息。它还会结可食用的浅绿色果实。

浇水：春季至秋季保持基质湿润。在冬季，只在基质表面感觉干燥时浇水。夏季每天为植株喷水，或者放置在装有潮湿卵石的托盘上。

施肥：仲春至夏末，每两周施加一次均衡液体肥。

种植和养护：使用土壤基质种植在 20—30 厘米的花盆里。放置在明亮的半日照条件下，并在早春修剪。春季为年幼植株换盆；成年后，只需每年更换表层基质。

## 小叶喜林芋

温度：16—24℃
光照：半日照 / 半遮阴
湿度：低至中等
养护：容易
株高 & 冠幅：最大 1.5 × 1.5 米
警告！全株有毒

这种令人难忘的攀缘植物能够迅速覆盖一面墙壁，将客厅改造成茂密的丛林，其硕大的心形叶片可以长到 20 厘米长。它容易养护，在低光照水平下生长良好，而且可以整枝固定到苔藓柱上，在小空间内保持紧凑的株型。

浇水：春季至秋季保持基质湿润；冬季减少水量，只在基质表层感觉干燥时浇水。春季和夏季，每几天为叶片喷水一次。

施肥：春季至初秋，每月施加一次均衡液体肥。

种植和养护：使用土壤基质和沙子或珍珠岩按照 2：1 的比例混合而成的基质，种植在 20—30 厘米的花盆中。幼年植株可以种植在吊篮中，令茎垂下。随着它们长大，将茎固定在苔藓柱、框格架子或者墙上的平行铁丝上。放置在半日照或者半遮阴处。它可以忍耐较重的阴蔽，但长势会不那么茁壮。定期擦拭叶片除尘。冬末修剪，春季换盆或者每年更换表层基质。

## 金玉菊

**温度**：10—25℃
**光照**：全日照/夏季半日照
**湿度**：低
**养护**：容易
**株高 & 冠幅**：最大1.5 × 1.5米
**警告！** 全株有毒

这种美丽的家居植物将自己伪装成常春藤，但它更有格调，肉质叶片有光泽，呈黄绿二色，还有深色的缠绕茎。让它从吊篮中垂下，或者让它生长在线圈上，或者爬上三脚架或框格架子。

**浇水**：春季至夏末，基质表面变干时浇水；秋季和冬季减少浇水，令基质保持刚刚湿润即可。

**施肥**：春季至秋季，施加1/2浓度的均衡液体肥。

**种植和养护**：使用仙人掌基质，或者土壤基质和尖砂按照3：1的比例混合而成的基质，种植在15厘米的花盆中。放置在阳光直射处，盛夏转移到明亮的半日照环境中。春季，如果枝条过长，剪去茎尖，并定期将茎绑在支撑物上。每2—3年或植株根系开始受限时换盆。

植物简介

蔓生和攀缘植物

## 翡翠珠

**温度**：10—25℃
**光照**：全日照/夏季半日照
**湿度**：低
**养护**：容易
**株高 & 冠幅**：5 × 90厘米
**警告！** 全株有毒

细长的茎上长着形似豌豆的叶，像一串串翡翠珠，从花盆中垂下，构成一道饶有趣味的风景。它对于新手来说是个好选择，因为肉质"珠子"储存水分，可以忍耐长期的忽视。春天可能开小小的白色管状花。

**浇水**：春季至秋季，基质表面变干时浇水；冬季保持基质刚刚湿润，令珠子不至于萎缩。

**施肥**：春季至秋季，施加1/2浓度的均衡液体肥。

**种植和养护**：使用仙人掌基质，或者土壤基质和尖砂按照3：1的比例混合而成的基质，种植在10—15厘米的花盆中。夏季放置在半日照环境中，冬季放置在较为冷凉但明亮的地点。春季修剪，每2—3年换盆。

## 金钱麻

**温度**：−5—24℃
**光照**：半日照/半遮阴
**湿度**：中等
**养护**：容易
**株高 & 冠幅**：5 × 90厘米

这种漂亮的植物拥有又细又硬的枝条，形成一丛细小的枝片，看上去像一蓬从花盆里冒出来的可爱卷发。它适合当代风格。将它与其他植物混合种植时要当心，它生长迅速，如果不经常修剪会挤占所有空间。夏季开微小的粉白色花。

**浇水**：春季至秋季保持基质湿润，冬季令其稍微干燥。如果任其干透，叶片会枯死。每几天喷一次水。

**施肥**：春季至秋季，每月施加1/2浓度的均衡液体肥。

**种植和养护**：使用土壤基质和沙砾按照3：1的比例混合而成的基质，将这种蔓生植物种植在10—20厘米的花盆中。摆放在半日照或半遮阴处，避开直射光。剪去茎尖，使其保持茂盛的长势。每1—2年换盆。

## 多花黑鳗藤

**温度**：10—23℃
**光照**：半日照
**湿度**：中等
**养护**：很容易
**株高 & 冠幅**：最大 3 × 3 米

这种攀缘植物拥有长长的缠绕茎，有光泽的绿色叶片与花期持久的白色蜡质芳香花朵相得益彰，在夏天创造出令人难忘的视觉和感官效果。只要有一个大花盆并给予良好的养护，它可以沿着铁丝生长并覆盖墙壁，也可以将它整枝固定在大型线圈或者框格架子上并经常修剪枝条，令其更加紧凑。

**浇水**：春季至秋季保持基质湿润；冬季，基质表面变干时浇水。放置在装有潮湿卵石的托盘上，夏季 1—2 天为叶片喷水。

**施肥**：春季至秋季，每两周施加一次高钾液体肥。

**种植和养护**：使用土壤基质种植在适合根坨的花盆里。放置在明亮的半日照环境下，避开直射光。夏季令植株保持凉爽——温度最好是 21—23℃，冬季再凉爽一些。在春天进行轻度修剪，换掉生长过大的植株。每 2—3 年换盆，或者每年春天更换表层基质。

## 吊竹梅

**温度**：12—24℃
**光照**：半日照
**湿度**：低至中等
**养护**：容易
**株高 & 冠幅**：最大 15 × 60 厘米

种植在明亮房间的吊篮或者架子上的花盆里时，吊竹梅轻度蔓生的茎是一道引人注目的景色。拥有银绿双色条纹的肉质叶片幼嫩时呈紫色，而且成熟后背面还会保持紫色，创造出多彩的三色效果。开粉紫色小花。

**浇水**：春季至秋季，在基质表面几乎干燥时浇水；冬季减少浇水，令基质刚刚湿润即可。春季和夏季，每几天为叶片喷一次水。

**施肥**：春季至初秋，每月施加一次均衡液体肥。

**种植和养护**：使用土壤基质和尖砂或珍珠岩按照 3：1 的比例混合而成的基质，种植在 15—20 厘米的花盆中。夏季放置在明亮的半日照环境中，避开直射光。在春季剪去茎尖以保持茂盛的株型。每 2—3 年或根系受限时换盆。

# 食肉植物

    这些迷人的植物可以成为令人兴趣盎然的家居植物。它们发育出一系列鲜艳多彩的瓶瓶罐罐或者黏稠的叶片和茎，用以捕捉和消化昆虫及其他小动物，从中获取必不可少的营养。大多数种类需要浸透水的土壤才能繁茂生长，而且一些种类需要更专业的养护，所以你需要先确认自己可以提供它们生长所需的条件。

## 眼镜蛇瓶子草

**温度**：−5—26℃
**光照**：全日照
**湿度**：中等
**养护**：有难度
**株高 & 冠幅**：40 × 20 厘米

这种不寻常植物的捕食瓶呈兜帽状，并且有形似毒牙的结构，外表像蛇头。春天开有紫色脉纹的花，然后长出有红色脉纹的捕食瓶，后者散发蜂蜜的气味以吸引猎物。这种植物对养护的要求很高，所以你要保证能提供它需要的生长条件。

**浇水**：每天都用雨水或蒸馏水给植株浇水，或者放置在装有水的浅托盘中。

**施肥**：不要给眼镜蛇瓶子草施肥。

**种植和养护**：使用泥炭藓、珍珠岩和园艺沙等比例混合而成的基质种植（盆栽基质会杀死这种植物）。夏季放置在日照环境下。冬季休眠时，将植株放置在室外背风处，或者明亮冷凉、没有暖气的房间里。如果你朝瓶子里看，可能会看见微小的昆虫。这些小生物生活在这种植物里，吃掉进来的其他猎物，然后这种瓶子草会消化它们的粪便。

# 捕蝇草

温度: 9—27℃
光照: 全日照
湿度: 中等
养护: 很容易
株高 & 冠幅: 最大 10 × 20 厘米

这种植物的下颚状叶片可以猛地闭上，困住不慎进入的昆虫，但是如果你引诱它并过于频繁地这样做，它会很快死亡。它有两种类型的叶片：春天的叶更宽，在靠近植株中央的地方制造陷阱；夏天的叶更长，在距离植株中心更远的地方长出泛红的陷阱。春天开白色管状花。

浇水: 春季至夏末，将花盆放置在装有雨水或蒸馏水的深托盘中；秋季至深冬的休眠期，将花盆从托盘中取出，但令生长基质保持湿润。

施肥: 不要给捕蝇草施肥。

种植和养护: 使用泥炭藓和珍珠岩等比例混合而成的基质，种植在 10—15 厘米的花盆中；盆栽基质会杀死这种植物。放置在阳光充足的地方，经常开窗令昆虫可以进入室内。在冬季的休眠期，令其远离暖气片和取暖器。每年冬末或早春换盆。

# 好望角茅膏菜

温度: 7—29℃
光照: 全日照 / 半日照
湿度: 中等
养护: 容易
株高 & 冠幅: 15 × 20 厘米

作为最容易种植的茅膏菜，这种植物的细长叶片覆盖着颜色鲜艳的毛，这些毛分泌一种黏液，看上去像水滴。叶片诱捕昆虫，然后卷曲包裹住它们的猎物。接下来昆虫会被这种植物慢慢消化吸收。春末或夏初开粉色花，花期只持续一天，早上开放，下午合拢。

浇水: 将花盆放置在装有雨水或蒸馏水的深托盘里。在其原生环境中，这种植物在冬季休眠，需要较少的水分，但是在温暖的房子里，需要全年将它放置在盛水托盘里生长。

施肥: 不要给好望角茅膏菜施肥。

种植和养护: 使用泥炭藓和珍珠岩等比例混合的基质，种植在 10—15 厘米高的花盆里；盆栽基质会杀死这种植物。放置在阳光充足的地方，经常开窗令昆虫可以进入室内。它们会被这种植物吸引，每月只需 2—3 只就能保证植株生存。去除枯死的叶片，每年使用新鲜的生长基质换盆。摘除花朵以防止自播。

# 猪笼草

温度: 13—25℃
光照: 半日照
湿度: 中等至高
养护: 很容易
株高 & 冠幅: 最大 30 × 45 厘米

这种不同寻常的热带植物看上去仿佛来自另一个世界，深红色捕食罐悬挂在细长的柄上，从倒披针形叶片的末端长出。猪笼草用颜色和蜜露吸引昆虫，昆虫落入捕食罐就会被淹死。

浇水: 千万不要放置在盛水的托盘里，但是要保持基质湿润。使用雨水或蒸馏水从上面浇水。每天喷水，或者放置在装有潮湿卵石的托盘里。

施肥: 使用叶面肥，每两周给叶片喷一次。你可以偶尔给它一只新鲜的苍蝇或昆虫，尽管它极少需要你这样做。

种植和养护: 使用来自专业供应商的猪笼草基质（切碎的松树树皮、泥炭藓以及珍珠岩），种植在花盆或吊篮中，盆栽基质会杀死这种植物。放置在避开直射光、通风良好的明亮区域。每 2—3 年根系受限时换盆。

# 捕虫堇

温度：18—29℃
光照：半日照
湿度：中等
养护：容易
株高＆冠幅：15×10厘米

这种植物在夏天开放的精致的红色、粉色或蓝色小花掩盖着它可怕的秘密。花开在细长的茎上，下面是莲座状丛生的浅黄绿色或古铜色叶片，叶片表面覆盖着黏液，可以困住蕈蚊等昆虫。然后叶片里的酶将猎物消化。

**浇水：** 使用雨水或蒸馏水从上方浇水，保持基质湿润。植株休眠时减少浇水，基质表面变干时浇水。

**施肥：** 不需要肥料，因为大多数人的家里都生活着少量昆虫；捕虫堇每月只需2—3只昆虫就能生存。

**种植和养护：** 使用专用食肉植物基质，或者硅砂、泥炭藓和珍珠岩按照3：1：1的比例混合而成的基质（绝对不要用盆栽基质），种植在10—15厘米的小花盆中。放置在明亮的半日照环境中，避开阳光直射。植株可以在一年当中的任何时候休眠，此时它们会长出肉质小叶片。在休眠时换盆。

# 瓶子草

温度：-5—25℃
光照：全日照
湿度：中等
养护：很容易
株高＆冠幅：最大30×15厘米

这些色彩鲜艳的食肉植物高低错落，并制造各种颜色的捕食瓶，包括酒红色、红色、粉色和绿色，且常常带有极具装饰性的脉纹。用瓶口的蜜露吸引昆虫，然后昆虫会掉进瓶子里。虽然某些瓶子草属物种可以在户外涝渍土壤中良好生长，但是那些来自较温暖气候区的种类可以在凉爽明亮的房间或者无加温设施的阳光房里成为令人着迷的家居植物（它们需要冷凉的冬天）。夏天开下垂的红色或绿色花。

**浇水：** 夏季，将花盆放置在装有深1—2厘米的蒸馏水或雨水的托盘中。冬季，将花盆从托盘中取出，保持基质刚好湿润即可。

**施肥：** 不要对这种植物使用肥料；夏季将它放在室外或者窗台上，这将为它提供大量昆虫猎物。

**种植和养护：** 使用来自食肉植物供应商的专门基质（或者碎冷杉树皮、不含石灰的粗砂以及珍珠岩按照2：1：1的比例混合而成的基质），种植在10—15厘米的小至中型花盆中。不要使用盆栽基质，否则会杀死这种植物。它会在秋末休眠，此时应该将其转移到10℃或更冷的明亮房间里，直至早春。每2—3年在秋季休眠期换盆，但是不要种植在大容器中，因为它需要根系相当受限才能良好生长。

*贝拉杂种瓶子草*

作为众多美丽的杂种瓶子草之一，贝拉瓶子草（Bella）的捕食瓶和盖片有鲜艳的粉色、红色和白色脉纹，并在春天开鲜艳的红色花。

**鹦鹉瓶子草**

这种瓶子草使用莲座状丛生的水平仰卧捕食瓶诱捕爬行昆虫，红色、白色或绿色捕食瓶有极具装饰性的脉纹。春天开深色的花朵，颜色不一。

**紫瓶子草**

紫瓶子草拥有深酒红色的短粗捕食瓶，春天开深红或深粉色花。它很耐寒，可以种植在户外花园或露台上。

**黄瓶子草**

优雅的黄瓶子草拥有高而细的黄绿色捕食瓶，盖片直立。春季开低垂的黄色花。

**朱迪斯瓶子草**

数量丰富的细长捕食瓶和带褶边的盖片让这个漂亮的杂交品种（Judith Hindle）与众不同。刚长出来的幼嫩捕食瓶呈绿色，成熟后变成深红色，有大理石脉纹。春天开深红色花。

# 观叶植物

这些叶片繁茂的植物可以用作视觉焦点，或者摆放在一起，创造一片令人平静的绿洲。你可以选择一系列纯绿类型，为拥有美丽花斑的观叶植物提供简单的背景，或者增添鲜艳的花卉，创造一片多姿多彩的陈设。除了少数例外，很多观叶植物都容易养护，而且大部分种类可以在缺少直射光的房间里生长得很好。

## 斜纹粗肋草

**温度：** 16—25℃
**光照：** 半遮阴/遮阴
**湿度：** 中等
**养护：** 容易
**株高 & 冠幅：** 最大 45 × 45 厘米
**警告！** 全株有毒

这种优雅的植物拥有披针形叶片，叶片表面有银色、奶油色或粉色花纹。只要给予温暖和足够的湿度，所有品种都容易养护。摘除小小的花，令植株将能量用于生长叶片。

**浇水：** 保持基质湿润，但不要将花盆立在水里，否则会导致腐烂。在冬季，基质表面变干时浇水。一周喷两次水。

**施肥：** 春季至秋季，每两周施加一次均衡液体肥。

**种植和养护：** 使用混合了一两把珍珠岩的土壤基质，种植在 15—20 厘米的花盆中。放置在半遮阴处或者更阴一些的地方，避开气流。每 3 年在春天时换盆。

## 黑叶观音莲

**温度**：18—25℃
**光照**：半日照／半遮阴
**湿度**：高
**养护**：有难度
**株高＆冠幅**：最大 1.2×1 米
**警告！** 全株有毒

这是一种令人惊叹的植物，极具特色的硕大叶片让它非常出众。叶片呈箭头形，正面深绿色，背面紫色，并且有独特的银色脉纹和波状边缘。去除小花，让植株将能量聚焦在叶片上。

**浇水**：春季至秋季，使用雨水或蒸馏水保持基质湿润；在冬季，允许表层基质在两次浇水的间隔变干。每天给叶片喷水，并将植株放置在装有潮湿卵石的托盘上，或者安装一台室内加湿器。

**施肥**：春季至初秋，每 2—3 周施加一次均衡液体肥。

**种植和养护**：使用腐熟树皮、土壤基质和沙子等比例混合而成的基质，种植在 25—30 厘米的花盆中。放置在避开直射光和气流的明亮区域。每 2—3 年换盆。

## 银脉单药花

**温度**：13—25℃
**光照**：半日照
**湿度**：中等至高
**养护**：有难度
**株高＆冠幅**：60×60 厘米

这种植物的绿色叶片上有醒目的奶油色条纹。非常适合摆放在高湿度的浴室里。鲜艳的秋花由环绕橙色小花的黄色苞片（花瓣状变态叶）构成。

**浇水**：使用雨水或蒸馏水保持基质湿润；干燥会导致叶片脱落。在冬天，当基质表面几乎变干时浇水。每天喷水，并将植株放置在装有潮湿卵石的托盘上，或者安装室内加湿器。

**施肥**：春季和夏季，每两周施加一次均衡液体肥。

**种植和养护**：使用土壤基质种植在 15—20 厘米的花盆中。放置在避开直射光的明亮处。去除枯萎的花茎，然后修剪到只剩下茎基部的两组叶片，以此保持株型紧凑。每年春天换盆。

## 一叶兰

**温度**：5—20℃
**光照**：半遮阴／遮阴
**湿度**：低
**养护**：容易
**株高＆冠幅**：60×60 厘米

一叶兰非常适合新手，它几乎不会出问题，还可以塞进大部分其他植物无法良好生长的阴蔽区域。纯绿色类型不是很令人兴奋，但拥有奶油色条纹或斑点的种类会为室内陈设注入更多活力。

**浇水**：基质表面干燥时浇水，冬季减少浇水。千万不要让基质涝渍或浸透水。

**施肥**：春季至夏末，每月施加一次 1/2 浓度的均衡液体肥。

**种植和养护**：使用土壤基质和多用途基质等比例混合而成的基质，种植在 12.5—20 厘米的花盆中。放置在半遮阴区域，远离直射光。每 2—3 年换盆，换到比原来只大一号的容器中。

# 观叶秋海棠

**温度**: 15—22℃
**光照**: 半日照/半遮阴
**湿度**: 中等
**养护**: 很容易
**株高 & 冠幅**: 最大 90 × 45 厘米
**警告！** 全株有毒

忘掉你在夏天花坛里看到的繁花似锦的秋海棠吧！这些端庄娴静的美人有一副完全不同的面貌。它们以极具装饰性的叶片花纹图案和优雅的小花闻名，有数百种颜色和形态可供选择。大多数观叶秋海棠来自蟆叶秋海棠（Begonia rex）这个物种，这得益于它们的叶片形状，它们在英文中又被称为"天使翼秋海棠"。更高的竹节类型为家居植物配置增添了结构性，而且开有稍大的花，如竹节秋海棠。植株使用块茎种植，但大多数种类以幼苗的方式出售。

**浇水**: 春季至秋季，保持基质湿润，但不能潮湿；在冬季，基质表面变干时浇水。放置在装有潮湿卵石的托盘上，但不要给叶片喷水。

**施肥**: 春末至初秋，每两周施加一次高氮肥料。对于花较大的秋海棠，在花蕾出现时换成高钾肥料，并一直用到花朵凋谢。

**种植和养护**: 选择能够轻易容纳植株根坨的花盆。使用土壤基质和多用途基质等比例混合而成的基质种植。放置在半日照或半遮阴处，在冬天远离暖气片和加热器。根系受限时在春天换盆。

### 伦巴秋海棠

作为众多叶片为红色的蟆叶秋海棠之一，这种优雅而美丽的伦巴秋海棠（Rumba）拥有颜色浓郁的叶片，叶片表面呈粉色至红色，带有近于黑色的斑纹，背面呈红色。将它放置在半日照环境下，可以得到最棒的色彩。

### 螺叶秋海棠

作为蟆叶秋海棠品种群的一员，这个热门品种拥有银绿双色叶片，在叶片表面形成旋涡图案，看上去像螺壳一样。这种质感十足的叶片上还覆盖着精致的粉色毛。

### 竹节秋海棠

这是一种尺寸较大的竹节类型秋海棠，它是个真正喜欢炫耀的家伙，硕大的绿色叶片上布满白点，而在夏天时，一簇簇奶油色小花倾泻而下。它长长的茎需要立杆支撑。

### 巴西变色秋海棠

就叶片质感而言，很少有植物能够胜过这种不同寻常的秋海棠。心形叶片上的深酒红色和鲜绿色斑纹很吸引眼球，当你凑近观察时，还能看到它们粗糙如砂纸的表面。

## 变叶木

**温度**：15—25℃
**光照**：半日照
**湿度**：高
**养护**：有难度
**株高 & 冠幅**：最大 1.5 × 0.75 米
警告！全株有毒

这种植物有长成大灌木的潜力，鲜艳的红色、黄色和绿色矛尖形叶片被放置在核心位置时观赏效果最好。它绝非最容易种植的植物，需要高空气湿度和持续不断的温暖——浴室会是理想的地方。

**浇水**：春季至秋季，使用微温的水保持基质湿润；冬季，基质表面变干时浇水。放置在装有潮湿卵石的托盘上，但不要给叶片喷水。

**施肥**：春季至秋季，每两周施加一次均衡液体肥。

**种植和养护**：使用土壤基质种植在能够容纳根坨的花盆里。每 2—3 年换盆。放置在明亮的半日照环境中，远离气流和暖器，并保持稳定的温暖——气温在任何时候都不能低于 15℃。戴上手套修剪，令其保持适当的大小。

## 方角栉花竹芋

**温度**：10—25℃
**光照**：半日照
**湿度**：中等
**养护**：容易
**株高 & 冠幅**：60 × 45 厘米

方角栉花竹芋拥有数量丰富的叶片，正面呈现出深浅不一的绿色条纹，背面是红色，创造出迷人的三色效果。生长需求不高的紧凑植株可以为明亮房间增添特别的魅力。

**浇水**：春季至秋季，保持基质湿润，但是在冬季基质表面变干时浇水。如果叶片卷起，需要添加更多水。偶尔喷水，或者放置在装有潮湿卵石的托盘上。

**施肥**：春季至秋季，每月施加一次均衡液体肥。

**种植和养护**：使用土壤基质和多用途基质等比例混合而成的基质，种植在 12.5—15 厘米的花盆中。每 2—3 年植株根系受限时换盆。

## 花叶万年青

温度：16—23℃
光照：半日照/半遮阴
湿度：中等
养护：很容易
株高 & 冠幅：最大 1.5 × 1 米
警告！全株有毒

在需要使用一株植物吸引视线的大房间或者门厅里，花叶万年青有花纹的硕大叶片能创造出一道令人印象深刻的景致。绿色卵圆形叶片在中央分布着奶油色色块或斑点。

浇水：春季至秋季保持基质湿润，在冬季保持刚刚湿润即可。放置在装有潮湿卵石的托盘上，或者偶尔喷水。

施肥：春季至秋季，每月施加一次均衡液体肥。

*种植和养护*：使用土壤基质种植在适合根坨大小的花盆里。放置在半日照或半遮阴环境中，它可以在比较阴蔽的地方存活，但可能不会长大。修剪时戴上手套，因为它的汁液有毒。每 2—3 年根系受限时换盆。

## 香龙血树

温度：15—24℃
光照：半日照/半遮阴
湿度：低至中等
养护：容易
株高 & 冠幅：最大 1.2 × 0.9 米
警告！全株对宠物有毒

对于寻找皮实的观叶植物的新手来说，香龙血树是个很好的选择。在成年植株上，带花纹的条形叶片莲座状簇生于形似竹竿的高大茎干。选择叶片中央有一条黄色条纹的绿叶品种，或者叶片中央呈深绿色、边缘带黄绿双色条纹的品种。

浇水：春季至秋季保持基质湿润，冬季保持刚刚湿润即可。不定期喷水，或者放置在装有潮湿卵石的托盘里。

施肥：春季至秋季，每两周施加一次 1/2 浓度的均衡液体肥。

*种植和养护*：使用土壤基质种植在大小足以容纳根坨的花盆里。植株在半日照或半遮阴环境中生长得最好，但是也可以在更低的光照水平下良好生长。植株长到理想高度后切去茎的顶端。每 2—3 年换盆。

## 千年木

温度：15—24℃
光照：半日照/半遮阴
湿度：低至中等
养护：容易
株高 & 冠幅：最大 1.5 × 0.9 米
警告！全株对宠物有毒

这种很受欢迎的植物在木质茎上生长着一簇簇长而尖的叶片，令其呈现出一种形似棕榈的迷人外表。树形高大威严，叶片上有绿色、粉色和奶油色条纹，它是最能消除空气中有毒物质的植物，非常容易种植。

浇水：春季至秋季保持基质湿润，冬季保持刚刚湿润即可。

施肥：春季至秋季，每两周施加一次 1/2 浓度的均衡液体肥。

*种植和养护*：使用土壤基质种植在能够容纳根坨的花盆里。将茎剪短以限制植株大小。每 3 年或根系受限时换盆。

# 八角金盘

**温度**：10—25℃
**光照**：半日照/半遮阴
**湿度**：低至中等
**养护**：容易
**株高＆冠幅**：最大2×2米

八角金盘非常适合种植在半遮阴的房间里，因为它硕大有光泽的掌状叶片在低光照条件下也可以欣欣向荣。有深绿叶片和花叶两种类型可选——后者需要稍多光照以保持颜色。秋季可能会长出球形花朵。这种植物对生长环境的要求相对不高，对新手而言是个不错的选择。

**浇水**：春季至秋季保持基质湿润，夏季保持基质刚刚湿润即可。

**施肥**：春季至夏末，每两周施加一次1/2浓度的均衡液体肥。

**种植和养护**：使用土壤基质和杜鹃花基质等比例混合而成的基质，种植在大小足以容纳根坨的花盆中。放置在半日照或半遮阴处；在冬季将植株转移到冷凉房间里。修剪植株以保持其大小。每2—3年换盆。

# 垂叶榕

**温度**：16—24℃
**光照**：半日照/半遮阴
**湿度**：中等
**养护**：有难度
**株高＆冠幅**：最大3.5×1.2米
**警告！** 全株有毒

这种植物高大而优雅，应该用足够大的空间展示其枝叶。拱形枝条上长着小巧的绿色或者有奶油色花斑的叶片。它绝非最容易种植的植物，叶片容易脱落，但是如果你能提供它需要的生长条件，它会成为视觉焦点。

**浇水**：使用微温的雨水或蒸馏水，在基质表面变干时浇水。冬季保持基质刚刚湿润即可；夏季为叶片喷水。

**施肥**：春季至秋季，每月施加一次1/2浓度的均衡液体肥。

**种植和养护**：使用土壤基质种植在足以容纳根坨的花盆中。不要搬动花盆或者换盆，因为这会导致落叶。在春天更换表层基质。

# 橡皮树

温度：15—24℃
光照：半日照/半遮阴
湿度：低至中等
养护：容易
株高 & 冠幅：1.8 × 1.2 米
**警告！** 树液有刺激性

橡皮树因其有光泽的宽大深绿色叶片和容易种植的性情而大受欢迎，相较于一群尺寸较小的植物来说，它具有类似高大树木的外形，而且耐低光照条件。花叶类型的橡皮树需要更多光照，但所有类型都耐旱。

**浇水**：基质表面变干时浇水，冬季保持基质刚刚湿润即可；夏季，每几天为叶片喷一次水。

**施肥**：春季至秋季，每两周施加一次 1/2 浓度的均衡液体肥。

**种植和养护**：使用添加了部分珍珠岩以利于排水的土壤基质，种植在大小足以容纳根坨的花盆中。放置在半日照或半遮阴环境中，避开气流。修剪植株以保持其大小。每 2—3 年根系受限时换盆。

# 琴叶榕

温度：15—24℃
光照：半日照
湿度：低至中等
养护：很容易
株高 & 冠幅：1.8 × 1.2 米
**警告！** 树液有刺激性

这种高大威严的植物拥有略浅裂的硕大叶片，形状像小提琴，因此得名。叶片有独特的浅脉纹，枝条从强健的树状主干上萌发。这种植物还有株型更加紧凑的小叶琴叶榕类型（Bambino）。

**浇水**：春季至秋季，基质表面变干时浇水，冬季保持基质刚刚湿润即可。一定不要过度浇水，否则会导致树根在涝渍环境下腐烂。

**施肥**：春季至秋季，每月施加一次 1/2 浓度的均衡液体肥。

**种植和养护**：使用土壤基质和珍珠岩以 3 ：1 的比例混合而成的基质，种植在可容纳根坨的花盆中。放置在远离直射光和气流的环境中。在冬季，令其远离取暖器。每 2—3 年根系受限时换盆。

## 金花竹芋

**温度**：16—24℃
**光照**：半日照
**湿度**：中等至高
**养护**：很容易
**株高 & 冠幅**：60 × 60 厘米

夏天开形似火炬的橙色花，因此得名（英文名意为"永恒的火焰"），但是也因其鲜艳的叶片得到种植，叶片本身也是一道景致！宽椭圆形叶片略皱缩，正面绿色，有金属光泽，背面呈深酒红色。

**浇水**：全年保持基质湿润，但要防止涝渍。每天使用微温的水进行喷洒，并放置在装有潮湿卵石的托盘上。

**施肥**：春季至初秋，每月施加一次均衡液体肥。

**种植和养护**：使用土壤基质种植在 12.5—15 厘米的中型花盆中。放置在避开直射光的明亮区域和湿度高的房间里，如浴室。确保冬季气温不会降低到 16℃ 以下。每 2—3 年或根系受限时换盆。

## 网纹草

**温度**：17—26℃
**光照**：半日照
**湿度**：高
**养护**：很容易
**株高 & 冠幅**：15 × 20 厘米

红网纹草的叶片有美丽的图案。它对于任何房间而言都足够小，但是需要较高的湿度，因此最好种植在浴室、厨房或玻璃花园里。深绿或浅绿色叶片有鲜艳的粉色脉纹，非常适合搭配花叶冷水花，后者也较小，并需要类似的生长条件。

**浇水**：全年保持基质湿润，但要避免涝渍——叶片发黄说明水可能浇得太多。每天为植株喷水并放置在装有潮湿卵石的托盘上，或者安装室内加湿器。

**施肥**：春季至秋季，每月施加一次 1/2 浓度的均衡液体肥。

**种植和养护**：使用土壤基质种植在 7.5—10 厘米的小花盆里。红网纹草在避开直射光的明亮半日照条件下生长良好。摘除夏季出现的花，让植株专注于生长叶片。要让叶片保持健康，它需要全年的温暖和湿润，以及较高的空气湿度。每 2—3 年根系受限时换盆。

## 披针叶竹芋

**温度**：15—24℃
**光照**：半日照/半遮阴
**湿度**：中等
**养护**：很容易
**株高 & 冠幅**：75 × 45 厘米

这种植物明星般的吸引力在于它令人眼花缭乱的波状边缘叶片，叶片正面是浅黄绿色和深绿色交错的蛇皮状斑纹，背面呈酒红色。作为原产巴西的植物，它喜欢温暖、潮湿，所以浴室和厨房会是理想的生长地点。

**浇水**：春季至秋季，使用雨水或蒸馏水保持基质湿润；在冬季，基质表面变干时浇水。每天使用微温的水喷洒并放置在装有潮湿卵石的托盘上，或者安装室内加湿器。

**施肥**：春季至秋季，每两周施加一次 1/2 浓度的均衡液体肥。

**种植和养护**：使用土壤基质和珍珠岩按照 2：1 的比例混合而成的基质，种植在 12.5—15 厘米的花盆中。放置在避开直射光和气流的半日照或略有遮阴的地方。全年保持温暖。每 2—3 年或根系受限时换盆。

## 孔雀竹芋

**温度**: 16—24℃
**光照**: 半日照 / 半遮阴
**湿度**: 高
**养护**: 有难度
**株高 & 冠幅**: 60 × 60 厘米

这种植物非常惹人喜爱，它的银色叶片很难被人忽视，正面有仿佛笔刷画上去的深绿色斑纹，背面的斑纹则呈酒红色。虽然绝非最容易养护的植物，但它令人难忘的外表值得花费精力。

**浇水**: 春季至秋季，使用雨水或蒸馏水保持基质湿润，在冬季令基质保持刚刚湿润即可。每天使用微温的水喷洒并放置在装有潮湿卵石的托盘上，或者安装加湿器。

**施肥**: 春季至秋季，每两周施加一次1/2浓度的均衡液体肥。

**种植和养护**: 使用土壤基质和珍珠岩按照 2 : 1 的比例混合而成的基质，种植在12.5—15 厘米的花盆中。放置在避开直射光和气流的半日照或有一定遮阴的地方。全年保持温暖。每2—3 年或根系受限时换盆。

## 紫鹅绒

**温度**: 15—24℃
**光照**: 半日照
**湿度**: 中等
**养护**: 很容易
**株高 & 冠幅**: 20 × 20 厘米

这种植物株型紧凑，天鹅绒质感的柔软叶片令人无法拒绝，仿佛在邀请你抚摸它们。紫色细毛覆盖着金属般绿色的浅裂叶片，赋予它一种毛茸茸的双色效果，而叶柄在花盆边缘优雅蔓生。

**浇水**: 春季至秋季保持基质湿润，冬季保持刚刚湿润即可。不要向叶片上浇水，叶片应保持干燥。放置在装有潮湿卵石的托盘上但不要喷水，否则会导致叶片出现斑点。

**施肥**: 春季至秋季，每两周施加一次 1/2 浓度的均衡液体肥。

**种植和养护**: 使用多用途基质和土壤基质等比例混合而成的基质，种植在15—20 厘米的花盆中。放置在避开直射光的半日照环境中。掐去茎尖，以得到更茂盛的植株。摘除黄色的花，它有一股相当令人不悦的气味。每2—3 年或根系受限时换盆。

## 嫣红蔓

**温度**: 18—27℃
**光照**: 半日照
**湿度**: 中等
**养护**: 很容易
**株高 & 冠幅**: 25 × 25 厘米

这种植物株型紧凑，色彩鲜艳，绿色心形叶片上布满粉色、红色或奶油色斑点，但是对于许多品种，它们更像是色块而非英文名暗示的那样是圆点（英文名意为"圆点草"）。尝试在玻璃或瓶子里种植一些颜色不同的品种。夏季开洋红色小花。

**浇水**: 春季至秋季，基质表面变干时浇水，冬季保持基质刚刚湿润即可。放置在装有潮湿卵石的托盘上，或者每几天给叶片喷一次水。

**施肥**: 春季至秋季，每两周施加一次 1/2 浓度的均衡液体肥。

**种植和养护**: 使用土壤基质种植在12.5—15 厘米的花盆中。放置在明亮的半日照环境中，最好是空气湿度高的区域，如浴室或厨房。掐去茎尖，以得到更茂盛的植株。每2—3 年或者植株根系受限时换盆。

## 红脉豹纹竹芋

**温度：** 15—24℃
**光照：** 半日照
**湿度：** 中等
**养护：** 很容易
**株高＆冠幅：** 60 × 60 厘米

看到这种壮观植物的叶片，很难相信上面极为精巧的图案竟然不是人用手画出来的。卵圆形叶片的表面是羽毛状深浅绿色花纹和红色脉纹，背面呈深红色。更有魅力的是，叶片会在晚上合拢，仿佛祈祷的双手，黎明时再展开。

**浇水：** 春季至秋季保持基质湿润，冬季令基质稍微干燥一些。放置在装有潮湿卵石的托盘上，或者经常为叶片喷水。

**施肥：** 春季至秋季，每两周施加一次 1/2 浓度的均衡液体肥料。

**种植和养护：** 使用土壤基质种植在 12.5—15 厘米的浅花盆中。放置在避开直射光和气流的半日照环境中。每 2—3 年换盆。

## 马拉巴栗

**温度：** 12—24℃
**光照：** 半日照
**湿度：** 中等
**养护：** 很容易
**株高＆冠幅：** 1.8 × 1.2 米

民间认为种植这种掌状植物会给人带来好运，而这种好运如果不是体现在金钱上（它的另一个中文名是发财树），一定会体现在相貌上。细长的茎常被编织成辫子状，有光泽的硕大叶片裂成数片小叶，像巨大的绿色花瓣一样从中央的一点向外伸出。

**浇水：** 春季至秋季，在基质表面干燥时浇水；冬季保持基质刚刚湿润即可。每几天喷水一次，或者放置在装有潮湿卵石的托盘上。

**施肥：** 春季至秋季，每两周施加一次均衡液体肥。

**种植和养护：** 使用添加部分珍珠岩的土壤基质，种植在 20—25 厘米的花盆中。摆放在避开直射光的半日照环境中。摘除茎尖以保持植株紧凑。每年更换表层基质而非换盆。

## 西瓜皮椒草

**温度**：15—24℃
**光照**：半遮阴
**湿度**：中等
**养护**：很容易
**株高 & 冠幅**：20 × 20 厘米

这是一种优雅的植物，叶片生长在细长的红色叶柄上，表面布满银色和深绿色条纹，看上去像西瓜皮，摆放在桌子中央会是美丽的视觉焦点。外表很漂亮，也很容易养护，而且会保持紧凑的株型。

**浇水**：春季至秋季，基质表面变干时浇水，并在整个冬季保持基质近乎干燥。放置在装有潮湿卵石的托盘上，或者每几天为叶片喷一次水。

**施肥**：春季至秋季，每月施加一次 1/2 浓度的均衡液体肥。

**种植和养护**：使用土壤盆栽基质种植在 10—12.5 厘米的花盆中。夏季放置在半遮阴区域；在光照水平较低的冬季，放置在明亮区域，但要避开直射光。每年补充表层基质。每 3 年换盆即可，因为它喜欢根系受限。

## 皱叶椒草

**温度**：15—24℃
**光照**：半遮阴
**湿度**：中等至高
**养护**：很容易
**株高 & 冠幅**：25 × 25 厘米

这种椒草的心形红色或绿色叶片拥有精致的皱缩纹理，让它在光照下呈现出美丽的双色效果。夏季长出细长的奶油色花，像烛芯一样从叶片之中伸出。

**浇水**：春季至秋季，基质表面变干时浇水；冬季，保持基质近乎干燥。放置在装有潮湿卵石的托盘上，但不要给叶片喷水。

**施肥**：春季至秋季，每月施加一次 1/2 浓度的均衡液体肥。

**种植和养护**：使用混入一把珍珠岩的土壤基质种植在 10 厘米的小花盆中。放置在空气湿度高的半遮阴区域，如浴室或厨房。每 2—3 年根系受限时换盆。

## 小天使蔓绿绒

**温度**：15—24℃
**光照**：半遮阴 / 遮阴
**湿度**：中等
**养护**：容易
**株高 & 冠幅**：最大 1 × 1.2 米
**警告！** 全株有毒

这种繁茂的蔓绿绒拥有醒目的浅裂叶片，能够为需要一株大型植株的阴蔽角落或者门厅增添一抹格调。如泉水喷涌而出的有光泽深绿叶片可以长到 45 厘米长，形成一座紧凑的"山丘"。

**浇水**：春季至秋季保持基质湿润，冬季基质表面变干时浇水。每几天为叶片喷一次水，或者放置在装有潮湿卵石的托盘上。

**施肥**：春季至秋季，每月施加一次均衡液体肥。

**种植和养护**：使用土壤基质，种植在能够容纳根坨的大花盆里。避免直射光。每几周使用湿布擦拭叶片表面，起到除尘的作用，令植株保持最好的面貌。每 2—3 年或者根系受限时重新换盆。

## 花叶冷水花

温度：15—24℃
光照：半遮阴
湿度：中等
养护：很容易
株高 & 冠幅：30 × 25 厘米
警告！全株有毒

这种漂亮的小型植物的叶片上布满蕾丝状铝白色至银色斑纹，因此得名（英文名意为"铝草"），而随和的个性让它很适合新手种植。用它为半遮阴房间中的观叶植物陈设增添一些活力吧。

浇水：春季至秋季保持基质湿润；冬季基质表面变干时浇水。经常喷水。

施肥：春季至秋季，每两周施加一次均衡液体肥。

种植和养护：使用土壤基质和珍珠岩按照2：1的比例混合而成的基质，种植在12.5—15厘米的花盆中。放置在避开直射光的半遮阴处，并全年保持温暖。掐去茎尖的花蕾，以保持植株茂盛。每1—2年根系受限时换盆。

## 镜面草

温度：15—24℃
光照：半日照 / 半遮阴
湿度：中等
养护：很容易
株高 & 冠幅：30 × 30 厘米
警告！全株有毒

圆圆的叶片像旋转碟子一样在茎上保持着平衡，创造出别有趣味的视觉效果，令这种不寻常的植物出现在许多植物爱好者的愿望清单上。在窗台或半遮阴的桌子上，松散成堆的叶片看上去效果非常好。

浇水：春季至秋季，基质表面变干时浇水；冬季保持刚刚湿润即可。经常喷水。

施肥：春季至秋季，每两周施加一次1/2浓度的均衡液体肥。

种植和养护：使用土壤基质和珍珠岩按照2：1的比例混合而成的基质，种植在12.5—15厘米的花盆中。放置在避开直射光的半遮阴处，并避开气流。全年保持植株温暖，每1—2年在春天根系受限时换盆。

## 垂枝香茶菜

温度：15—24℃
光照：半遮阴 / 遮阴
湿度：低
养护：容易
株高 & 冠幅：20 × 60 厘米

这种植物容易养护，因其表面粗糙的漂亮银脉叶片和春天的轮生白色小花而得到种植，松弛的茎让它很适合种在高花盆里。它在半遮阴的环境中欣欣向荣，但是也可以在更阴蔽的环境良好生长，为没有一点直射光的房间增添色彩和质感。

浇水：春季至秋季，基质表面变干时浇水；冬季，保持基质刚刚湿润即可。

施肥：春季至秋季，每两周施加一次1/2浓度的均衡液体肥。

种植和养护：使用土壤基质和珍珠岩按照2：1的比例混合而成的基质，种植在12.5—15厘米的花盆中。放置在避开直射光的半遮阴处。每2—3年根系受限时换盆。

# 菜豆树

**温度**：12—24℃
**光照**：半日照
**湿度**：低至中等
**养护**：很容易
**株高 & 冠幅**：最大 1.8 × 1.2 米

这种漂亮的植物可以用它优雅茂盛的枝条填满明亮房间里的空置角落。有光泽的叶片呈深绿色，并裂成多枚小叶，赋予这种树状植物一种轻盈感。

**浇水**：春季至初秋，当基质表面干燥时浇水；冬季减少浇水，令基质刚刚湿润即可。偶尔喷水。

**施肥**：春季至秋季，每两周施加一次 1/2 浓度的均衡液体肥。

**种植和养护**：使用土壤基质种植在能够容纳根坨的花盆中。放置在明亮的半日照条件下，避开直射光。在春季修剪以保持植株大小，并掐去茎尖。每 2 年为这种生长迅速的植物换盆。

# 棒叶虎尾兰

**温度**：15—24℃
**光照**：半日照 / 半遮阴
**湿度**：低
**养护**：容易
**株高 & 冠幅**：75 × 30 厘米
**警告！** 全株有毒

和它的堂兄弟金边虎尾兰一样，棒叶虎尾兰也容易种植，而且它同样容易养护。高而细长的圆柱形叶形似标枪，而叶上的灰绿色条带增添了装饰效果。将这种植物放置在安全的位置，让脆硬易碎的叶不会被无意折断。

**浇水**：春季至秋季，基质表面变干时浇水；冬季每月浇水一次。

**施肥**：春季至秋季，每月施加一次 1/2 浓度的均衡液体肥。

**种植和养护**：使用仙人掌基质种植在刚好能够容纳根的花盆里，它喜欢局促的根系环境。避开直射光。它有一定耐阴性，但是叶会伸向光源处。只在根系重度受限时换盆。

## 金边虎尾兰

**温度**：15—24℃
**光照**：半遮阴
**湿度**：低
**养护**：容易
**株高＆冠幅**：75×30厘米
**警告！** 全株有毒

作为净化空气的最佳植物，金边虎尾兰会长出一簇紧凑的剑形叶片，叶色银绿相间，并带有金边。即使长期被忽视也可以生长良好（过度浇水会导致根系腐烂），这种植物的生命力非常顽强。

**浇水**：春季至秋季，基质表面变干时浇水；冬季每月浇水一次。

**施肥**：春季至秋季，每月施加一次1/2浓度的均衡液体肥。

**种植和养护**：使用仙人掌基质种植在刚好能够容纳根的花盆里——它喜欢紧密贴合的状态。放置在半遮阴处，避开直射光。只在根系重度受限时换盆。

## 鹅掌藤

**温度**：15—24℃
**光照**：半日照/半遮阴
**湿度**：低至中等
**养护**：容易
**株高＆冠幅**：2.4×1.2米
**警告！** 全株有毒

这种令人难忘的植物拥有绿色或带花斑的掌状叶片，能够生长在有中央供暖的室内，日照或阴蔽环境皆可，因此深受人们喜爱。植株出售时，茎常常被绑在一根苔藓柱上。

**浇水**：春季至秋季，基质表面变干时浇水；冬季，每月浇一次水。

**施肥**：春季至秋季，每月施加一次1/2浓度的均衡液体肥。

**种植和养护**：使用土壤基质和沙子按照2：1的比例混合而成的基质，种植在能够容纳根坨的沉重花盆中。避开直射光，放置在温暖的房间里。在春季修剪，每2年换盆。

## 彩叶草

**温度**：15—24℃
**光照**：半日照
**湿度**：中等
**养护**：很容易
**株高＆冠幅**：60×30厘米
**警告！** 全株有毒

拥有多种多样的叶形和颜色——从浅黄绿色和唇膏粉色到浓重的酒红色、热烈的橙色，以及一切介于其中的色彩，总有一种彩叶草适用于你的陈设方案。艳丽的叶片很适合搭配纯色植物，或者使用色彩比较沉静的品种衬托其他鲜花。

**浇水**：春季至秋季保持基质湿润；在冬季，基质表面变干时浇水。

**施肥**：春季至秋季，每两周施加一次均衡液体肥。

**种植和养护**：使用多用途基质和土壤基质等比例混合而成的基质，种植在15厘米的花盆中。掐去茎尖，以保持植株茂盛。放置在明亮的地方，避开直射光。在冬末或初春将茎剪短2/3，或者每年春天使用种子种植（见第208—209页）。

## 艳锦竹芋

**温度**：15—24℃
**光照**：半日照
**湿度**：高
**养护**：很容易
**株高 & 冠幅**：45 × 60 厘米

作为观叶植物中的珍宝，艳锦竹芋拥有令人难忘的叶片，布满粉色、红色、绿色和奶油色的色块，很少有其他植物能够与之匹敌。它需要空间展示向外伸展的矛尖形叶片，最好种植在与它的色彩相称而且不会喧宾夺主的简单容器中。

**浇水**：春季至夏季保持基质湿润，冬季减少浇水频率。每天喷水并放置在装有潮湿卵石的托盘上，或者安装室内加湿器。

**施肥**：春季至秋末，每两周施加一次1/2浓度的均衡液体肥。

**种植和养护**：使用多用途基质和土壤基质等比例混合而成的基质，种植在12.5—15厘米的花盆中——最好是浅容器。将植株放置在明亮地点，避免直射光和气流，最好是厨房或浴室。每2—3年换盆。

## 合果芋

**温度**：15—29℃
**光照**：半日照/半遮阴
**湿度**：中等
**养护**：很容易
**株高 & 冠幅**：最大90 × 60 厘米
**警告！** 全株有毒

合果芋拥有箭头形奶油色和绿色花斑叶片，为明亮或半遮阴房间中摆放的观叶植物增添一抹丛林风情。它通常被作为株型紧凑的观叶植物出售，但是如果任其自由生长，它会长高，而且如果它开始攀缘，可能需要绑在支撑物上。

**浇水**：春季至秋末，基质表面变干时浇水；冬季略微减少浇水。经常为叶片喷水，或者放在装有潮湿卵石的托盘上。

**施肥**：春季至秋季，每两周施加一次1/2浓度的均衡液体肥。

**种植和养护**：使用土壤基质种植在15—20厘米的花盆中。它会在避开直射光的明亮地点欣欣向荣，最好将其放置在空气湿润的区域，如厨房或浴室。在每年春天修剪，以保持植株紧凑和茂盛，当它长到理想大小时，不要换盆，而是每年春天更换表层基质。

## 紫背万年青

**温度**：15—27℃
**光照**：半日照
**湿度**：中等
**养护**：容易
**株高 & 冠幅**：60 × 60 厘米

紫背万年青的绿紫双色叶片成束生长，十分吸引眼球。小而白的花全年开放，依偎在叶片之间，但主要的吸引力在于叶片。这种紧凑的植株可以在小浴室或厨房的湿润空气中繁茂生长。

**浇水**：春季至秋季，基质表面变干时浇水；冬季令基质保持刚刚湿润即可。每1—2天喷水，或者放置在装有潮湿卵石的托盘上。

**施肥**：春季至秋季，每月施加一次均衡液体肥。

**种植和养护**：使用土壤基质和沙子或珍珠岩按照2：1的比例混合而成的基质，种植在15—20厘米的花盆中。放置在明亮处，避开直射光。它可以忍耐一定程度的阴蔽，但可能会褪去紫色。每2—3年换盆。

# 金钱树

温度：15—24℃
光照：半日照／半遮阴
湿度：低
养护：容易
株高＆冠幅：75×60厘米
警告！ 全株有毒

金钱树长而多叶的茎构成一种尺寸较大的花瓶形植物，它几乎可以在任何地方生长，因为它不仅耐日晒和阴蔽，还耐低空气湿度，所以很适合新手种植，有光泽的叶片可以作为良好的背景，衬托更华美的花。

**浇水**：春季至秋季，基质表面变干时浇水；冬季每月浇一次水。

**施肥**：春季至秋季，每月施加一次1/2浓度的均衡液体肥。

**种植和养护**：使用土壤基质和沙子按照2：1的比例混合而成的基质，种植在适合根坨大小的花盆中。半遮阴或半日照是最理想的，但是它也可以在更阴蔽的地方生长。在春天修剪成优美的形状。每2—3年换盆。

# 巨丝兰

温度：10—27℃
光照：全日照／半日照
湿度：低
养护：容易
株高＆冠幅：1.5×0.75米
警告！ 全株有毒

作为能够安然沐浴夏季全日照的少数植物之一，这种丝兰扎人的剑形叶片从似棕榈的主干长出，呈现引人注目的雕塑般的形状，在阳光灿烂的房间里非常醒目。

**浇水**：春季至秋季，基质表面变干时浇水；冬季每月浇一次水。

**施肥**：春季至秋季，每月施加一次1/2浓度的均衡液体肥。

**种植和养护**：使用土壤基质和沙子按照2：1的比例混合而成的基质，种植在适合根坨大小的花盆中。如果它长得太大，在春天将主干截短至理想的高度，新叶会很快长出。每2—3年换盆。

# 仙人掌类植物

从多刺且外形奇特的种类，到茎干光滑的优雅蔓生植物，仙人掌类按照定义属于多肉植物，但通常被认为自成一类。许多种类非常适合阳光充足的窗台或者简易吊篮，而且它们在叶和茎中储存水分的能力让它们能够在长期干旱中存活，因此很适合新手。并非所有仙人掌都生长在沙漠里，包括仙人指（见第165页）在内，少数种类在天然环境中生长在热带森林的树木上，需要比较背阴和潮湿的生长环境。

## 翁柱

**温度**：10—32℃
**光照**：全日照 / 夏季半日照
**湿度**：低
**养护**：容易
**株高 & 冠幅**：30 × 10 厘米

覆盖着仿佛老人胡须的细白毛，这种仙人掌的奇特外观保证能够提供聊天话题。圆柱状茎高大且不分枝，簇生，而且银白色毛在幼年植株上出现得最多。这种仙人掌有红色、黄色或白色花，但很少开花。

**浇水**：1—2厘米厚的表层基质完全变干时浇水。在整个冬季，将浇水次数减少到1—2次。

**施肥**：春季和夏季，每月施加一次仙人掌肥料。

**种植和养护**：戴上保护手套，使用仙人掌基质（或者土壤基质、沙子和珍珠岩等比例混合而成的基质）种植在10厘米的小花盆中。放置在日照处，在冬天转移到冷凉但明亮的房间里。每年春天给幼年植株换盆，成年植株每2年换盆。

## 福氏仙人柱

温度：10—32℃
光照：全日照/夏季半日照
湿度：低
养护：容易
株高&冠幅：最大90×15厘米

这种植物拥有典型的仙人掌形状和姿态，很适合将其添加到你的植物收藏中，在某处植物陈设的后部带来高度和结构。灰绿色茎覆盖着棕色的刺，并在夏天开放有香味的白色或粉色花，花朵硕大，直径可达15厘米，夜晚开放，黎明合拢。

浇水：在表层1厘米厚的基质变干时浇水。植株在冬季休眠，浇1—2次水即可。

施肥：夏季，每月施加一次仙人掌肥料。

种植和养护：戴上保护手套，使用仙人掌基质（或者土壤基质、沙子和珍珠岩等比例混合而成的基质）种植在15—20厘米的沉重花盆中，以防植株倾倒。放置在日照处，但是在冬天转移到冷凉但明亮的房间里。每年给幼年植株换盆，成年后每2年换盆。

## 令箭荷花

温度：4—24℃
光照：半日照
湿度：中等
养护：很容易
株高&冠幅：60×60厘米

这种热带仙人掌拥有扁而薄的茎，边缘有圆齿，很适合种在明亮房间里的吊篮。在春天，这种植物硕大的红色漏斗状花会大放异彩。

浇水：春季至初秋定期浇水，基质表面变干时浇水；冬季保持植株刚刚湿润即可。在炎热的夏季，偶尔使用蒸馏水或雨水喷洒。

施肥：春季至夏季，每两周施加一次1/2浓度的高钾肥料。

种植和养护：使用附生仙人掌基质（或者土壤基质和尖砂按照4：1的比例混合而成的基质），种植在10厘米的花盆或吊篮中。在最理想的情况下，春季至秋季，将这种仙人掌放置在半日照环境中，白天气温维持在16—24℃，夜间气温维持在4—12℃。冬季，将它转移到荫蔽的冷凉房间里，春天再放回更明亮的位置。植株在根系受限时花开得最好，所以不要换盆。

## 锯齿昙花

温度：11—25℃
光照：半日照/半遮阴
湿度：中等
养护：很容易
株高&冠幅：60×60厘米

边缘呈波状的叶片像肥厚的鱼骨一样在植株上摇摇晃晃地悬挂着，这种不寻常的植物跻身于许多仙人掌爱好者的愿望清单的榜首。秋天，有香味的浅黄色花朵更是为它增添了魅力。

浇水：春季至初秋，基质表面变干时浇水；冬季，保持植株刚刚湿润即可。每天喷水，或者放置在装有潮湿卵石的托盘上。

施肥：从夏季花蕾形成开始，每两周施加一次高钾肥料，直到花开。

种植和养护：使用附生仙人掌基质（或者土壤基质和尖砂按照4：1的比例混合而成的基质），种植在10—15厘米的花盆或吊篮中。春季至秋季，将植株放置在气温在16—25℃的环境中；冬季，将其转移到气温保持在11—14℃的冷凉、阴蔽处。每年春天给幼年植株换盆；成年植株只需更换表层基质。

# 日出丸

**温度：** 10—30℃
**光照：** 全日照/夏季半日照
**湿度：** 低
**养护：** 容易
**株高 & 冠幅：** 最大 25 × 25 厘米

这种多刺的桶形仙人掌有非常棒的舞台表现。饱满的圆形茎覆盖着带钩红色粗刺，这种植物因此得名（英文名意为"魔鬼的舌头"）。它们与针状奶油色刺相结合，构成了一个色彩缤纷的刺球。成年植株在夏末开紫色或黄色花。

**浇水：** 春季至秋季，2厘米厚的表层基质变干时浇水；冬季只浇1—2次水。

**施肥：** 春季至夏末，每3—4周施加一次仙人掌肥料。

**种植和养护：** 戴上保护手套，使用仙人掌基质（或者土壤基质、沙子和珍珠岩按照3：1：1的比例混合而成的基质），种植在足以稳定这种仙人掌的大花盆里。放置在阳光充足的窗台上，盛夏时将植株搬到距离窗户稍远的地方；冬季，转移到没有加温设施的冷凉、明亮的房间。每年给年幼植株换盆，每2年给成年植株换盆。

# 乳突球属

**温度：** 7—30℃
**光照：** 全日照/夏季半日照
**湿度：** 低
**养护：** 容易
**株高 & 冠幅：** 大多数品种最大15 × 30 厘米

这些微型仙人掌是很受欢迎的家居植物，大多可以整齐地摆放在阳光灿烂的窗台上，而且经常在夏天开花。它们呈球形或者形成短圆柱，大多数此类仙人掌的表面有小突起，并在这些小突起的顶端长着小刺。夏季，粉色、紫色、橙色或奶油色花在植株顶端开成一个环形。

**无刺多粒丸**

体形小且呈圆柱形，这种小型仙人掌拥有大多数乳突球典型的多瘤外观。它的粉色花出现在从春天到夏天的很长一段时间里。

**浇水：** 春季至秋季，2厘米厚的表层基质变干时浇水；冬季植株进入休眠期，只浇1—2次水。

**施肥：** 仲春至夏末，每3—4周施加一次仙人掌肥料。

**种植和养护：** 戴上保护手套，使用仙人掌基质（或者土壤基质、沙子和珍珠岩按照3：1：1的比例混合而成的基质），种植在7.5—10厘米的小花盆中。放置在阳光充足的窗台上，但在盛夏时将这种仙人掌搬离窗户；冬季，放置到冷凉、明亮、空气湿度低的无加温设施房间里。每年给年幼植株换盆，每2年给成年植株换盆。

**沙堡疣**

这个不寻常的品种会从较大的中央肋状茎上长出小而圆的茎。粉色花在夏季开放，像流星一样转瞬即逝。

## 黄翁

温度：10—30℃
光照：全日照／夏季半日照
湿度：低
养护：容易
株高＆冠幅：最大45×15厘米

这种植物用它紧密簇生且多刺的茎营造出微型沙漠景观。它的英文名意为"金球仙人掌"，这有些令人困惑，因为成年植株呈柱状而非球状。夏天，鲜艳的黄色花开在成年植株形似羊毛的顶端。

浇水：春季至秋季，只在2厘米厚的表层基质变干时浇水。这种植物在冬季进入休眠期，只需浇1—2次水。

施肥：春季至夏末，每6—8周施加一次仙人掌肥料。

种植和养护：戴上保护手套，根据仙人掌的大小种植在7.5—15厘米的花盆中。在花盆中铺一层沙砾，然后填满仙人掌基质（或者土壤基质、沙子和珍珠岩按照3：1：1的比例混合而成的基质）。放置在日照下，但要在夏季避开直射光；冬季，转移到明亮但冷凉的房间中。年幼植株每年换盆，成年后每2年换盆。

## 黄毛掌

温度：10—30℃
光照：全日照／夏季半日照
湿度：低
养护：容易
株高＆冠幅：30×45厘米

这种漂亮的仙人掌长着扁平的卵圆形绿色茎，它们像兔子的耳朵一样成对生长，表面点缀着成簇刚毛状小刺（"芒刺"）。在夏天开黄色碗状花。

浇水：春季至初秋，每周浇一次水，允许基质在两次浇水的间隔变干；冬季进入休眠期，浇1—2次水即可。

施肥：春季至初秋，每6—8周施加一次仙人掌肥料。

种植和养护：戴上手套，使用仙人掌基质（或者土壤基质、沙子和珍珠岩按照3：1：1的比例混合而成的基质），种植在不会限制这种仙人掌根系的花盆中。夏季，放置在避开直射光的明亮地点，冬季放置到冷凉房间中。每年给年幼植株换盆，每2年给成年植株换盆。

## 仙人指

温度：12—27℃
光照：半日照
湿度：中等
养护：很容易
株高＆冠幅：45×45厘米

这种热带仙人掌因其在圣诞节期间开放的鲜艳粉色花朵而备受珍视，全年生长扁平分节的蔓生茎。

浇水：保持基质湿润，但不能潮湿。冬末开花后植株进入休眠期，数周之内减少浇水。秋末至初冬再次减少浇水，直到花蕾出现。每天使用蒸馏水或雨水喷洒，或者放置在装有潮湿卵石的托盘上。

施肥：仲春至初秋，每月施加一次均衡液体肥。

种植和养护：使用仙人掌基质（或者土壤基质、腐叶土和沙砾按照3：1：1的比例混合而成的基质），种植在小花盆中。开花后，转移到冷凉房间中；然后在生长季增加温度，浇水并施肥。早春换盆。

# 多肉植物

这些喜欢干旱的植物主要因其引人注目的叶而得到种植，它们有各种形状和大小，从高大和多刺的，到小而圆且带有天鹅绒质感的。花若是出现，常常令人惊奇，它们鲜艳的颜色会与肉质叶形成鲜明对比。多肉植物容易种植，而且因为它们的叶片是完美的储水器官，所以它们可以忍受长期被忽视。只需要将它们放在阳光充足的地方，极偶尔地浇几次水，它们就能生长得很好。

## 红缘莲花掌

**温度：** 10—24℃
**光照：** 全日照／半日照
**湿度：** 低
**养护：** 容易
**株高 & 冠幅：** 最大 60 × 45 厘米

这种雕塑般的多肉植物为窗台上的混合搭配增添了高度和个性。茎分杈，顶端是莲座状丛生的灰绿色肉质叶片，春末时，在叶片上方长出微小的浅黄色或带粉红色的花。留心寻找花叶类型，它们的叶片有黄色和粉色的边缘。

**浇水：** 秋季至次年春季，在基质表面感觉干燥时浇水；夏季，植株会在长期炎热时进入休眠，此时令基质保持几乎干燥的状态。

**施肥：** 冬季至次年春末，每月施加一次 1/2 浓度的均衡液体肥。

**种植和养护：** 使用仙人掌基质种植在15厘米的花盆中。摆放在明亮的半日照环境下，夏季避开直射光。花期过后，莲座状丛生叶片会枯死，但新茎会长出并取而代之。每2—3年在春天换盆。

## 黑法师

**温度**：10—24℃
**光照**：全日照/半日照
**湿度**：低
**养护**：容易
**株高＆冠幅**：最大60×60厘米

作为最受追捧的莲花掌属植物，这个雕塑般的品种在高大且分枝的茎上长着莲座状丛生的叶片，叶色深紫，近于黑色。早春，成年植株开微小的星状黄色花。它可以作为家居植物全年种植，也可以夏季种植在室外露台。

**浇水**：秋季至次年春季，在基质表面感觉干燥时浇水；夏季，植株会在天气炎热时进入休眠，此时令基质保持几乎干燥的状态。

**施肥**：冬季至次年春末，每月施加一次1/2浓度的均衡液体肥。

**种植和养护**：使用仙人掌基质种植在15厘米的花盆中。摆放在明亮环境中，夏季避开直射光。莲座状丛生叶片会在开花之后枯死，但新的植株会长出并取代老植株。每2—3年在春天换盆。

## 龙舌兰

**温度**：10—30℃
**光照**：全日照/半日照
**湿度**：低
**养护**：容易
**株高＆冠幅**：最大90×90厘米
**警告！** 汁液有毒

在干旱地区，这种多刺植物会长成令人难忘的巨大植株，用带刺的蓝色叶片装点公园和风景，每片叶的中间都有一根白色条纹。室内盆栽时，它的株型会更加紧凑，但仍然能形成大型植株，所以要为伸展的叶片留出足够的展示空间。

**浇水**：秋季至春季，在基质表面感觉干燥时浇水；冬季保持基质几乎干燥。

**施肥**：早春至早秋，每两周施加一次1/2浓度的均衡液体肥。

**种植和养护**：使用仙人掌基质种植在刚好可以容纳根坨的花盆中。摆放在全日照或明亮的半日照条件下。每1—2年换盆，记得戴上手套保护双手。要想让它保持紧凑的株型，需要将植株从花盆中取出并修剪根系，然后用新的基质将它种在同样大小或者大一号的花盆里。

## 笹之雪

**温度**：−5—30℃
**光照**：全日照/半日照
**湿度**：低
**养护**：容易
**株高＆冠幅**：最大60×60厘米
**警告！** 汁液有毒

这种龙舌兰属植物粗厚的三角形叶片拥有白色边缘和黑色尖端，但只有当你凑近观察时才会注意到，所以要将这种植物摆放到能够欣赏这些细节的地方。作为一种容易养护的多肉植物，富于纹理感的丘状丛生叶片非常适合搭配拟石莲花属、莲花掌属和长生草属植物。

**浇水**：秋季至春季，在基质表面感觉干燥时浇水；在冬季，允许基质变干，只需浇1—2次水。

**施肥**：在春季至秋季的生长期，施加2—3次1/2浓度的均衡液体肥。

**种植和养护**：使用仙人掌基质种植在刚好可以容纳根坨的花盆中。摆放在全日照或明亮的半日照条件下的宽窗台上。每2—3年或根系受限时换盆。

## 燕子掌

**温度**：15—25℃
**光照**：全日照／半日照
**湿度**：低
**养护**：容易
**株高＆冠幅**：90×90厘米
**警告！** 汁液有毒

在亚洲的某些文化中，这种植物与财富和繁荣联系在一起，还以几乎坚不可摧而闻名，可以在长期被忽视的情况下生存。成年植株像美丽的盆栽树木，拥有粗厚分杈的茎和边缘呈红色的卵圆形肉质叶片。

**浇水**：春季至秋季，在基质表面变干时浇水；在冬季，只需浇足以防止叶片枯萎的水即可。

**施肥**：在从春季至秋季的生长期，施加2—3次1/2浓度的均衡液体肥。

**种植和养护**：戴上手套，使用土壤基质和尖砂以3：1的比例混合而成的基质，种植在15—20厘米的花盆中。

## 芦荟

**温度**：10—27℃
**光照**：全日照／半日照
**湿度**：低
**养护**：容易
**株高＆冠幅**：60×60厘米

一些人因其漂亮、多刺的绿色叶片而种植这种富于造型感的芦荟，但它带来的好处远远不止美学上的吸引力。作为净化空气的最佳植物，芦荟叶中的汁液可以用来舒缓灼伤，包括日光灼伤。

**浇水**：春季至秋季，在基质表面感觉干燥时浇水；在冬季，令基质保持几乎干燥。

**施肥**：在春季至秋季的生长期，施加2—3次1/2浓度的均衡液体肥。

**种植和养护**：使用仙人掌基质种植在刚好容纳根坨的花盆中。摆放在明亮的半日照条件下，在夏季避开直射光。每2—3年在春天换盆，并将出现在母株旁边的吸芽换盆种植。

# 拟石莲花属

**温度**：10—30℃
**光照**：全日照/半日照
**湿度**：低
**养护**：容易
**株高 & 冠幅**：最大10 × 30厘米

这些美丽的小型多肉植物仿佛微型睡莲，拥有莲座状紧密簇生的匙状蓝绿色、红色、紫色或花斑叶片。在阳光充足的窗台上一字摆开几株颜色和形态不同的种类（有数百种可供选择），或者将它们用在形成反差的多肉植物搭配中。如果种植在充足的光照下，成年植株会在丛生叶片中央伸出高高的粉色或黄色茎，并在顶端开灯笼状花。

**浇水**：春季至秋季，基质表面变干时浇水；冬季进入休眠期，不要浇水。

**施肥**：在从春季至秋季的生长期，施加2—3次1/2浓度的均衡液体肥。

**种植和养护**：使用土壤基质和尖砂以3：1的比例混合而成的基质，将拟石莲花种植在10—20厘米的花盆中。放置在明亮的半日照条件下，夏季避开直射光，冬季休眠时放置在阳光充足的冷凉区域。每2—3年或根系受限时在春天换盆。母株旁边常常长出小植株，可以任其自由生长，因为它们会扩大群体规模，也可以将其种植在单独的容器里。

**"金牛座"冬云**

这个美丽的品种有时也以"Red Taurus"的名字被出售，莲座状丛生叶片呈深酒红色，红黄双色花在夏天出现在高高的茎上。

**月影**

作为最受欢迎的拟石莲花属植物，这个优雅的物种拥有带酒红色边缘的蓝绿色叶片，而且在夏天，它会抽出长长的粉色茎，顶端开粉黄双色花。

**玉蝶**

这个漂亮的物种拥有比大多数其他拟石莲花更扁平的浅蓝灰色叶片，构成美丽且充满质感的莲座丛。夏天，秀丽的红黄双色花开在长长的黄色茎上。

## 大戟属

**温度**：10—30℃
**光照**：全日照／半日照
**湿度**：低
**养护**：容易
**株高 & 冠幅**：最大 90 × 60 厘米
**警告！** 汁液有毒

名为大戟的这类植物很难被定义，因为它们包括各种大小和形状的众多物种。作为家居植物种植的种类包括粗壮的彩云阁和许多与仙人掌类似的植物，如怪异无叶的光棍树。这些植物在日照条件下欣欣向荣，并且可以忍耐长期干旱。

**浇水**：春季至秋季，基质表面变干时浇水；冬季，令基质保持几乎干燥。

**施肥**：在春季至秋季的生长期，每月施加一次 1/2 浓度的均衡液体肥。

**种植和养护**：使用仙人掌基质（或者土壤基质和沙砾按照 2：1 的比例混合而成的基质），种植在可容纳根坨的花盆中。放置在全日照下。操作时戴上手套，因为它的汁液对皮肤有刺激。每 2—3 年换盆。

*光棍树*

光棍树看上去像冬天的落叶灌木。它细小的叶片会很快脱落，光滑且手感好的茎呈现出枯瘦的轮廓。

## 美丽莲

**温度**：10—27℃
**光照**：全日照／半日照
**湿度**：低
**养护**：容易
**株高 & 冠幅**：15 × 10 厘米

这种小型植物的白边灰色叶片组成一个紧凑的莲座，看上去也许没有什么特别出彩的地方，但是当它开出醒目的花时，一切都不一样了。星状粉色花据说像小狗的脸，开在从莲座中央伸出的长且分权的茎上，像是一场小型的烟火。将几棵植株一起放在阳光充足的窗台上，强化视觉效果。

**浇水**：春季至秋季，基质表面变干时浇水；冬季，浇足以防止基质完全干透的水即可。

**施肥**：在从春季至秋季的生长期，施加 2—3 次 1/2 浓度的均衡液体肥。

**种植和养护**：使用仙人掌基质（或者土壤基质和沙砾按照 2：1 的比例混合而成的基质），种植在 10—12.5 厘米的小花盆中。放置在全日照下，或者靠近窗户的明亮半日照处。这种植物生长缓慢，每 3 年根系受限时才需要换盆。

*红彩阁*

红彩阁伪装成仙人掌的样子，拥有灰绿色的分权肋状茎，最高可达 30 厘米，表面长着红色的刺。

*彩云阁*

彩云阁令人难忘的多刺深绿色茎很像仙人掌的茎。从茎上萌生的指状叶片为它增添了吸引力。

## 松之雪

温度：12—26℃
光照：全日照／半日照
湿度：低
养护：容易
株高＆冠幅：最大 20×15 厘米

这种多肉植物拥有长而尖的茎，摆在窗台上时与更加圆润的多肉植物形成鲜明的反差。一些种类有隆起的白色条纹或者凸起的红色斑点，使它看起来更有质感，而成年植株在夏天可能抽生出细长花茎，开白色、狭长的管状花。

浇水：春季至秋季，基质表面变干时浇水；冬季少量浇水，只需防止基质彻底变干即可。

施肥：春季至秋季，每月施加一次 1/2 浓度的均衡液体肥。

种植和养护：使用仙人掌基质（或者土壤基质和沙砾按照 2：1 的比例混合而成的基质），种植在 7.5—10 厘米的小花盆中。放置在全日照或半日照下，如窗台上或者靠近窗台处。每 2—3 年根系受限时在春天换盆。

## 长寿花

温度：12—26℃
光照：全日照／半日照
湿度：低
养护：容易
株高＆冠幅：45×30 厘米
警告！全株对宠物有毒

长寿花鲜艳的花序出现在春天和夏天，在圆形绿色肉质叶片的衬托下显得分外艳丽。花呈红色、粉色或白色，通常可持续开放长达 12 周，但植株不太可能重新开花，所以你需要每年都用新的植株来替换。

浇水：春季至夏季，当基质表面感觉干燥时从底部浇水，确保不要让水进入叶片之间，否则会导致其腐烂；秋季和冬季保持基质近乎干燥。

施肥：春季至夏季，每两周施加一次 1/2 浓度的均衡液体肥。

种植和养护：使用仙人掌基质（或者土壤盆栽基质和沙砾按照 2：1 的比例混合而成的基质），种植在 10—15 厘米的花盆中。花期过后剪去花茎。每年使用大一号的容器换盆，或者每年购买新植株。

## 白银之舞

温度：10—27℃
光照：全日照／半日照
湿度：低
养护：容易
株高＆冠幅：45×45 厘米
警告！全株对宠物有毒

伽蓝菜属有多种类型的植物，但是如果你只有种植一种的空间，这一款应该在你的备选清单上名列榜首。粉白色叶片的锯齿状边缘看上去好像是被锯齿剪刀剪过一样，而且到了夏天，植株会在细长的茎上成簇开放小型星状粉色花。

浇水：春季至夏季，当基质表面感觉干燥时从底部浇水；秋季和冬季令基质保持几乎干燥。

施肥：春季至夏末，每月施加一次 1/2 浓度的均衡液体肥。

种植和养护：使用仙人掌基质（或者土壤盆栽基质和沙砾按照 2：1 的比例混合而成的基质），种植在 10—20 厘米的花盆中。放置在通风良好的房间的全日照处。每 2—3 年根系受限时在春天换盆。

## 月兔耳

**温度**：15—23℃
**光照**：全日照/半日照
**湿度**：低
**养护**：容易
**株高 & 冠幅**：最大60×60厘米
警告！全株对宠物有毒

灰绿色叶片布满绒毛，并在边缘分布着棕色斑点，这赋予了这种有趣的多肉植物良好的触感以及名字。它可以长成相当大的植株以及像树一样的轮廓，但不太可能在室内开花。

**浇水**：春季至夏季，当基质表面感觉干燥时从底部浇水，不要将叶片打湿；秋季和冬季，令基质保持几乎干燥。

**施肥**：春季至夏末，每月施加一次1/2浓度的均衡液体肥。

**种植和养护**：使用仙人掌基质（或者土壤盆栽基质和沙砾按照2：1的比例混合而成的基质），种植在10—20厘米的花盆中。放置在通风良好的房间的全日照处。每3年根系受限时在春天换盆。

## 生石花

**温度**：18—26℃
**光照**：全日照
**湿度**：低
**养护**：容易
**株高 & 冠幅**：15×7.5厘米

这些植物原产自南非，不长叶的茎看上去就像顶部平整的石头。除了纯灰绿色，还有带斑点和花纹的种类可选。秋季，一朵形似菊花的白花会从茎顶端的裂缝中开出。这些植物很能引起孩子们的兴趣，而且不需要多少关注，很容易种植。

**浇水**：冬季至次年夏末，只在茎开始萎缩时浇水；在秋季，稍稍多浇一些水，让茎保持坚挺。

**施肥**：秋季，施加一次1/4浓度的均衡液体肥。

**种植和养护**：使用仙人掌基质（或者土壤盆栽基质和沙砾按照2：1的比例混合而成的基质），种植在7.5—10厘米的小花盆中。放置在全日照下，尤其是在冬天，此时它会继续生长。这些植物可以在同一个花盆里生长很多年，而且喜欢它们自己小小的独立容器。在冬末即将再次更频繁地浇水之前换盆。

## 星美人

**温度**：10—27℃
**光照**：全日照
**湿度**：低
**养护**：容易
**株高 & 冠幅**：10×30厘米
警告！全株对宠物有毒

这些微小的多肉植物看上去就像一把种在花盆里的沙滩卵石，尽管尺寸不大，但一定能成为讨论的话题。饱满的圆形叶片呈浅蓝绿色至蓝紫色，而在冬天，植株看上去更加怪异，此时会长出长达30厘米的茎，顶端悬挂着橙红色的花。

**浇水**：允许基质在浇水之前变干，并避免将水弄到叶上。在冬天稍微多浇一点水，因为这种植物就是在这个季节生长。

**施肥**：冬季施加一次1/4浓度的均衡液体肥，不过就算不施肥，它也不会受影响。

**种植和养护**：使用仙人掌基质（或者土壤盆栽基质和沙砾按照2：1的比例混合而成的基质），种植在7.5—10厘米的小花盆中。放置在全日照下，尤其是在冬天，此时是它的生长期。只在这种植物的根系受限时换盆，时间是花期过后。

## 长生草属

温度：10—27℃
光照：全日照 / 半日照
湿度：低
养护：容易
株高 & 冠幅：最大 20 × 30 厘米

这种小型多肉植物呈螺旋状排列的叶片有着多种多样的颜色，包括绿色、红色、酒红色和灰色。许多种类拥有吸引人的花斑，还有一些种类覆盖着细毛。夏天，星状花开在粗壮的茎上。

浇水：春季至秋季，表层基质变干时浇水；冬季，每月浇一次水。

施肥：春季至秋季，每月施加一次 1/2 浓度的均衡液体肥。

种植和养护：使用土壤基质和园艺沙按照 2：1 的比例混合而成的基质，种植在 7.5—10 厘米的花盆中。放置在全日照下。莲座状丛生叶片在花期过后枯死，但会出现新的植株幼体取代老植株。每 2—3 年在根系受限时换盆。

## 玉缀

温度：10—27℃
光照：全日照 / 半日照
湿度：低
养护：容易
株高 & 冠幅：10 × 30 厘米

这种原产自墨西哥的植物非常吸引人，绳索状的茎上缀满小小的圆形叶，创造出令人惊叹的纹理效果。它在架子或者窗台上会是很棒的视觉焦点，但在处理这种植物时要当心，因为叶片脆硬，很容易脱落。微小的花开在茎的末端，不过室内种植的植株极少开花。

浇水：春季至秋季，表层基质变干时浇水；冬季，每月浇一次水。

施肥：春季至秋季，每月施加一次 1/2 浓度的均衡液体肥。

种植和养护：使用仙人掌基质（或者土壤盆栽基质和沙砾按照 2：1 的比例混合而成的基质），种植在 7.5—10 厘米的小花盆中。放置在明亮处，但要避开夏季正午的强烈阳光。每 2—3 年根系受限时在春天换盆。

温度：15—24℃
光照：半日照
湿度：高
养护：容易
株高 & 冠幅：10 × 45 厘米

这些袖珍型植物的叶片既有银白色且长而尖的，也有卷曲如蜘蛛腿的。多数品种的空气凤梨每年开花，花朵常常大且鲜艳。植株在开花后枯死，但是像所有凤梨科植物一样，会有植株幼体形成，取代老植株（见第206—207页）。

浇水：每周一次，放入一个盛有微温雨水或蒸馏水的托盘里30分钟到1小时，然后取出沥干（见第185页）。为避免把花朵弄湿，可以把空气凤梨支撑起来。

施肥：每周喷洒一次空气凤梨专用肥料。

种植和养护：用玻璃罐、贝壳、浮木、树皮或装饰性托盘来展示植物。不要使用胶水固定。放置在湿润的环境下，避免阳光直射并远离热源。

# 空气凤梨

这些小小的珍宝在空气中就能良好生长，它们不需要土壤或基质。空气凤梨有多种形状和大小，有的像小海胆，而另一些更像传统的凤梨（见第102—105页）。成年后，这些美丽的植物会开花，用极具异域风情的鲜艳花朵点亮你的家。没有其他植物比它们更容易养护了，如果你是新手，种植它们一定不会让你失望的。

气花铁兰

这种空气凤梨每年都开花，粉紫双色花出现在一丛坚硬的绿色叶片中。

# 铁兰属

### 银叶花凤梨

这个小型品种细长且尖的叶片从中央伸出，仿佛一只海胆。成年植株还会长出细长的红色花序，由微小的紫色花构成，十分引人注目。

### 紫花铁兰

作为最受欢迎的铁兰属植物，紫花铁兰拥有深绿色带状叶片和卵圆形花序，花序由粉色苞片（花瓣状变态叶）和蓝紫色小花构成。

### 细叶铁兰

这种空气凤梨很快会形成一簇又长又尖的绿色叶片，而且它可以忍耐轻度的忽视，浇水之后很快就会恢复。粉色穗状花序形似流星，末端是一簇紫色管状花。

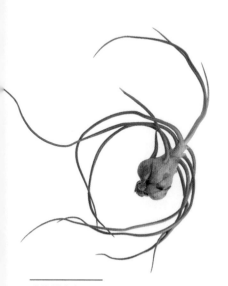

### 小蝴蝶空气凤梨

这种空气凤梨仿佛一只拥有卷曲长腿的蜘蛛，细长的叶片从鳞茎状的中央长出。早春，植株中央还会开出粉色、紫色的花。花蕾形成时，叶片会变成红色。

### 大三色铁兰

这种优雅的空气凤梨小而紧凑，银色禾草状叶片容易变干，所以每周都要经常浇水。当花从狭长的穗状花序中伸出的时候，看上去像一排排紫粉双色的微型唇膏。

### 霸王空气凤梨

这是一种不可错过的植物，银色叶片伸展卷曲，茂密簇生。因为它需要的水比大多数空气凤梨少，所以要经常喷水而非浸泡。持久的穗状花序由紫色小花构成，只出现在成年植株上。

# 种植和养护

# 购买新的家居植物

去植物商店或者苗圃基地挑选你喜欢的植物真是一项充满乐趣的活动。但是在掏腰包之前，先来看看下面这些小建议，以确保你买到的是强壮、健康的植株，并在被你带回家之后能继续茁壮生长。同时别忘了看看种植工具清单（见右页），把新植物需要的东西购买齐全。

## 在商店

随身携带一份植物购买清单，并在抵达苗圃基地或商店后严格按照清单购买。如果看上了某种清单之外的植物，请仔细查看养护标签或者询问工作人员，确保你可以提供它需要的生长条件。如果确定能照顾好它，就给你选中的植物进行一次彻底的健康检查（见右），并查看容器底部是否有排水孔。如果没有，回家之后要换盆，因为排水不畅会导致涝渍和真菌病害。

### 给植物进行健康检查

按下列步骤检查你可能会买的植物，不要购买任何有病虫害迹象（见第214—219页）的植物。

1. 检查有无萎蔫迹象，这可能是有根系害虫的表现。

2. 寻找叶片、茎或花上有无深色斑点或条纹，它们表明植株可能有病害或者被病毒感染。

3. 查看叶片和茎的背面，看有没有害虫或害虫造成的损伤。

4. 查看基质有没有害虫。

5. 将植株从花盆中取出（如果你可以这样做的话），查看根系的生长是否受限。

## 将植物带回家

这取决于你生活在哪里：你可能需要保护不耐寒的植物免遭冬季寒冷天气的影响，方法是将它们包裹在玻璃纸中。不要让它们暴露在零度以下的环境中，哪怕只是一小会儿也不行，因为这会对不耐寒的品种造成致命伤害。如果有零星叶片或花茎在回家途中受损，就将其剪去，剪到健康部位或者植株基部为止，以防病菌从伤口进入体内。

## 在家

拆开植物的包装，有必要的话就换盆（见左），然后把植物连同塑料花盆一起放进不透水的套盆里或者托盘上。给植物充分浇水（见第184—187页），然后静置，排出多余水分。最后，核对植物的其他养护需求（见第101—175页的植物简介章节），将它放置到光照和温度都适宜的地方。

**检查排水孔**
确保植株的花盆排水畅通，以防植株腐烂。如果没有排水孔，到家之后需要换盆。

# 室内种植工具

拥有下面的工具和材料，你就有了可以照料绝大多数家居植物的装备。

配有花洒的小浇水壶，用于从植株上方浇水

不透水的装饰性套盆和用于排水的托盘

为种子和幼苗在基质中戳洞的挖洞器

用于小花盆的小铲子

卵石

喷壶

用于较大植株的尖头铲子

锐利的小刀

修枝剪

小耙子

用于擦拭叶片的湿布

毛刷，用于从仙人掌和其他需要小心处理的植物上清扫基质

# 选择适宜的光照

为你的植物提供适宜的光照是维持其长期健康的关键。阳光为植物供应能量——光照太弱会影响它们开花，而光照太强会灼伤叶片甚至导致萎蔫，所以你需要评估家中的光照水平，为植物找到最理想的位置。

## 选择完美地点

无论你住的是四周都有窗户的明亮别墅，还是缺少直射光的小公寓，都有一系列植物可以适应你的居住环境。参照右边这张平面图，确定你的房间拥有怎样的光照水平，以便挑选最适合的植物种类。别忘了将附近的建筑或大树考虑在内，因为它们在白天会造成额外的遮挡。还要记住光照水平取决于季节变化，会在一年之内有所波动。

遮阴

**半遮阴**描述的是距离白天一半时间受到阳光直射的窗户较远区域的光照水平。它也可能是无阳光直射的窗前或者阳光更充足的房间角落里的光照。林地植物和许多拥有硕大绿色叶片的植物可以在半遮阴区域良好生长。

嫣红蔓

**半日照**描述的是白天有一半时间受到阳光直射的窗户附近的光照。它也可能是阳光更充足的房间中，光线透过纱帘之后窗前的光照。对于需要明亮环境但不能全天暴晒在烈日下的植物来说，这是适宜的光照水平。

白天一半时间接受阳光直射的窗户

遮阴

袖珍椰子

**确定你家的光照水平▲**
这张平面图展示了一个三面带窗的建筑结构，每面窗户接受的光照水平不同。注意，一个房间内可能有多达3种不同的光照水平。

带小窗的前门

无阳光直射的窗户

遮阴

遮阴

半遮阴

皱叶椒草

**遮阴**出现在无阳光直射的房间的后部和两侧，或者接受有限日照的窗户两侧的角落里。在遮阴条件下可以良好生长的植物种类很少。不过有些种类的确可以适应这种环境，包括粗肋草、绿萝和某些蕨类。

粗肋草

半日照

半日照

紫背万年青

**全日照**是最明亮的光照类型，出现在每天得到12小时及以上的直射光的窗前。能够忍耐这种强烈光照的植物不多，尤其是在夏天。不过在光照较弱的冬天，有些植物喜欢这个位置。

瓶子草

半遮阴

半遮阴

白天大部分时间受阳光直射的窗户

## 提升光照水平的建议

1. 定期清洁叶片，以增加抵达植物表面的光照。使用柔软的湿布，每周擦拭一次，注意不要损伤叶片。

2. 每隔几天将植株转动90度，让每一面都接受充足的日照并均匀生长，无论光照水平如何。这样做可以防止植株随着时间的推移畸形发育（见第213页）。

3. 注意季节之间的光线差异。在四季分明的国家，阳光在夏天更强烈，在冬天更微弱，而且冬天的白昼也较短。在这些地区，喜半日照的植物在冬季可能需要离日光充足的窗户更近一些。如果是这样的话，注意不要在夜晚将它们留在窗帘后面的寒冷窗台上，因为气温的剧烈下降会对它们造成伤害。

4. 使用模仿阳光的人造光源（又称"生长灯"）提升空间的低光照水平。市面上有一系列容易安装的产品适合家庭使用；但是在购买之前一定要向供应商征求建议，因为对于你希望种植的植物来说，某些产品的光可能太强或者太弱。

图注

全日照

半日照

半遮阴

遮阴

# 确定温度

"让热带植物远离热源
和有气流通过的区域。"

大多数家居植物可以在我们温暖的家里快乐生长，但它们可能会在极热或极冷的地方受到伤害。确定你的植物喜欢的温度范围（见第101—175页），并参照下列建议找到摆放它们的最佳位置。

## 提供最优温度范围

虽然许多家居植物对温度的适应范围相对较大，但也要记得在植物简介章节中查询不同植物的具体要求（见第101—175页）。许多家居植物来自热带地区，能够长期忍耐极低温度的种类很少。同样，长期高温也会导致一些植物迅速脱水和萎蔫。如果你拥有一株你不能确定种类的植物，最安全的温度范围是12—24℃，它适合绝大多数家居植物。

**有气流通过的门厅**适合一些林地植物，如纽扣蕨，以及绿萝和风车草等生命力顽强的种类。包括大多数热带品种在内的其他植物，应该摆放在更加温暖且气温比较均匀的地方。

**靠近暖气片、明火或加热器的炎热、干燥区域**不适合任何家居植物，所以要与它们保持安全距离。

纽扣蕨

棕竹

**在远离窗户的地方**，一天之内的温度会更加均衡，适合那些同时喜欢较低光照条件的植物。

**找到适合的温度▶**
用这张图来区分不同的热源和气流来源，找到摆放植物的最佳位置。

## 正常的温度波动

所有植物都可以适应一定程度的温度波动，但不能长期低于或超过它所能承受的最低或最高温度（见第101—175页），否则会对植物造成伤害（见第213页）。

昼夜温差在5—10℃的范围对于大多数植物而言是正常的，这也是它们在自然环境中会经历的幅度。然而某些植物，如兰属兰花中的蕙兰，只有在夜间气温下降超过10℃时才会形成花蕾（见第197页）。

季节的温度变化会影响大多数植物，即使在我们拥有供暖系统的家里也是如此。植物常常会在冬天生长变缓。某些植物会在冬季休眠以适应寒冷的气候，在一年当中的这个时候，需要把它们转移到没有加温设施的房间里。

蕙兰

**热气会上升**，意味着房间里靠近天花板的地方更温暖。在同一个房间里，悬吊植物需要更频繁地浇水和喷水。

口红花

**大多数家居植物的理想地点**是距离阳光充足的窗户较近，且远离加热器或暖气片的地方。

五彩芋

蟆叶秋海棠

**窗台处**的温度可能出现剧烈波动，即便是双层玻璃窗的窗台也一样。它们在夏天会很热，冬天又会很冷。在炎热的天气打开窗户或者使用空调，保持房间凉爽，并且在夜晚不要将植物关在窗帘和窗户之间。

# 为植物浇水

对于大多数植物而言，只要你理解它们各自的需求，浇水则是一件很简单明了的事情。通过遵守一些简单的原则，你就能确保它们得到恰到好处的需水量，生机勃勃地生长。

## 何时浇水

大多数植物在春季和夏季处于生长期，此时它们喜欢湿润的基质，但是注意不要浇水过多。涝渍的基质会导致病害，并可能致命，而轻度干旱很容易补救。为了防止基质过于潮湿，需将植物种植在底部有排水孔的花盆里，让多余的水可以轻松排出。浇水一小时后，将排出的水从植物的装饰性花盆（套盆）或托盘中倒出。

## 浇水的黄金法则

1. 将植物种植在带排水孔的花盆里，以免涝渍。

2. 在春季和夏季，大多数植物每2—4天（或按需）浇水一次，以保持基质湿润（不能涝渍）。

3. 仙人掌和多肉植物不能频繁浇水（只在基质表面感觉干燥时浇水）。

4. 在植物生长速度变缓且气温降低的冬季减少浇水频率。

5. 倒掉套盆和托盘中多余的水，防止基质过度涝渍。

6. 对于枝叶柔软多毛的植物，或者多肉植物及仙人掌，避免将水弄到它们的叶和茎上。

7. 核对植物简介章节（见第101—175页），看看你的植物是否更喜欢雨水或蒸馏水。

## 如何浇水

要想让你的植物保持最佳状态，首先在植物简介章节（见第101—175页）中查找针对每种植物的具体建议，然后使用最适合你的植物的浇水方法，这些方法可以大致归纳为右边列出的这5种。

**从上浇水**
如果你的植物喜欢让自己的叶片被弄湿，就从植株上方将水倾倒下来。大多数热带植物和蕨类都喜欢这种浇水方式。还要确保基质被水浸透，否则你可能只是打湿了叶片而没有让水抵达根系。

**从下浇水**
将植物与其带排水孔的花盆一起放在水深约2厘米的托盘里静置20分钟，然后取出，排出多余的水。这种方法适用于不喜欢茎叶被打湿的植物，如非洲堇，或者叶片将基质完全盖住的植物。

"注意不要给你的植物过度浇水，
涝渍的基质伤害它们的速度比
干旱快得多。"

**阻止腐烂**

喜旱的仙人掌和多肉植物喜欢让它们的茎和叶在所有时候都保持干燥，所以换盆时要在基质表面添加一层沙砾（称为"护根"）。护根有助于把水迅速排走，防止植物腐烂。

**湿润程度释义**

几乎干燥的基质在表面之下2厘米以内摸起来是干燥的，但再往下可能稍微潮湿。大部分多肉植物和仙人掌需要它们的基质在两次浇水的间隔期处于这种状态。

表层干燥的基质在触摸表面时感觉是干燥的。很多植物在再次浇水之前应该是这种状态，另一些植物只在生长缓慢的冬季才需要这种干湿程度。

湿润基质在触摸时感到潮湿，但是看上去并没有水渍和反光。确保花盆有排水孔，并在浇水一小时后倒掉任何多余的水。

潮湿基质完全被水浸润，表面有反光。食肉植物是极少数需要这种条件的植物种类之一。将其种植在带排水孔的花盆里，然后放置在装有水的托盘中。

**为叶片和气生根喷水**
一些植物通过叶片和气生根吸收水分，包括兰花、龟背竹和散尾葵。经常为叶片和根部喷水，同时也要给基质浇水以保持植株健康。

**给凤梨科植物浇水**
大多数凤梨科植物的叶片和苞片（花瓣状变态叶）会在植株中央形成一个杯状蓄水结构。用雨水或蒸馏水将其填满，每几周补充一次。还要给基质浇水，令其保持湿润。

**浸泡空气凤梨**
空气凤梨最好放在盛有水的托盘中浸泡一小时，每周一次。浸泡后取出，静置排水，并确保它们在4小时内表面完全干燥，以防腐烂；或者每周为它们喷水2—3次。

## 在你离家时如何浇水

只要你将植物放进凉爽、明亮的房间里，并在回家之后立刻给它们浇水就没问题。大多数植物可以在不需要任何水的情况下撑三四天，许多仙人掌和多肉植物可以安然度过两三个星期。而对于其他某些植物，你需要采取措施。如果你没有在离家时能帮你给植物浇水的邻居或朋友，不妨试试下面这些简单的技巧，帮助你的植物保持健康。

种植和养护

——

为植物浇水

"使用旁边这些小妙招，让植物在你离家时保持充足的水分。"

**水瓶法**

剪去塑料水瓶的底部，并用烧红的铁钎在瓶盖上钻一个小孔。将瓶盖拧在瓶口上，向下插入基质。在瓶子里灌水，让水缓缓滴入基质。确保植物的花盆有排水孔，以免基质变得过于潮湿。

**毛细滴灌系统**

将一碗水放在倒扣的花盆上，使其高于基质表面。将一根吸水绳（市面有售）放进碗里，然后将另一端塞进基质里面。这根吸水绳将慢慢给植株浇水。对于单株植物或者无法移动的大型植物来说，这种方法是最好的。

**简易水槽法**

在厨房水槽里放满水，然后将一块旧毛巾的一端铺在沥水板上，另一端放入水中。将植物从套盆中取出，放在潮湿的毛巾上，让水分可以透过排水孔向上抵达根系。

## 提升湿度水平

家中的干燥空气会导致某些植物的叶片干枯并变成棕色，阻碍植物生长。许多来自热带的家居植物尤其容易受到影响，因为它们已经适应了原生环境，只有在潮湿的空气中才能良好生长。尝试使用下面的方法，在你家复制出这种空气。

**装有潮湿卵石的托盘**
提升湿度的一个简单方法是将你的植物放置在装有卵石或陶粒的托盘里。倒入水，令其刚好没过卵石，然后将花盆放上去。随着水分的缓慢蒸发，植物周围的空气就会变得潮湿。

**给植物喷水**
对大多数植物而言，增加周围空气湿度的另一个方法是每1—2天给叶片和气生根喷水一次。冬季减少到每周一次。有些植物喜欢雨水或蒸馏水，具体请查阅植物简介章节（见第101—175页）。

### 湿度水平释义

**高湿度**意味着空气中的水分达到饱和。热带植物在这种空气中欣欣向荣，但是在有中央供暖系统（令空气干燥）的家庭中，它们会难以养护。如果你想保留这些挑剔的植物，可以将它们放在潮湿的厨房或浴室，或者安装一台室内加湿器。

**中等湿度**符合许多家居植物的需求，包括兰花、蕨类、部分棕榈类植物，以及大量观叶植物。经常给它们喷水，将它们放置在装有潮湿卵石的托盘上，并将几株植物聚集在一起，都有助于将湿度提升到适宜的水平。

**低湿度**指的是空气中含有很少量的水分。来自干旱地区的植物（例如仙人掌、多肉植物和来自地中海地区的植物）能适应这种条件。在拥有中央供暖系统的家庭，大多数房间的空气湿度都比较低，不过喜旱植物在潮湿的厨房或浴室不能很好地生长。

**群体种植**
所有植物都通过名为"蒸腾作用"的过程释放水分，这和我们在呼吸时呼出水分类似。可以通过将几株植物聚集在一起来创造热带小气候，让每株植物都能从"邻居"释放的水分中受益。

# 为植物施肥

> "肥料能提供植物从户外土壤中吸收的营养。"

为你的植物供应基本营养，它们就会用健康的花和叶回报你的付出。然而，就像我们人一样，如果你为它们提供的营养太多或者太少，那么都会导致问题出现。了解给你的植物施什么肥以及多久施一次肥，将有助于它们茁壮成长。

## 不可或缺的养料

虽然大多数种在地里的植物可以从土壤中获得它们需要的所有营养物质，但是花盆里的植物完全依赖于你为它们提供养料。许多基质含有肥料，但是在你的植物将它们消耗干净以后，你就必须采取措施给它们施肥。肥料的类型和剂量取决于植物种类，所以要在植物简介章节（见第101—175页）查询不同植物的具体需求。

**拥有足够营养的植物**
充分施肥的植物会展示出茁壮的长势，且没有任何过度施肥或施肥不足的迹象，如叶片发黄或变浅。

### 植物营养释义

植物主要的营养是氮（N）、磷（P）和钾（K）。均衡肥料含有全部三种主要营养素，以及一系列植物需求量较小的微量元素。一种肥料的营养含量常常以N∶P∶K的比例显示在包装上。例如，均衡肥料的比值是20∶20∶20。大多数植物只需要在活跃生长期间施肥，通常是在春季至秋季，在冬季对额外营养的需求极少或不存在。植物通过根系吸收溶液形式的肥料，所以干燥的基质不但令它们脱水，还限制了它们吸收肥料的能力。

氮（N）被称为叶片制造者，因为它可以促进植株长出茁壮、健康的叶片。这反过来提升了植株整体的生长，因为叶片为植株整体提供养料。氮对观叶植物尤其重要。

磷（P）是根系制造者，是所有植物生长发育所必需的营养。根系将养料和水运输到植株体内，令植物茁壮健康生长成为可能。

钾（K）对于花和果实的发育不可或缺。钾含量高的肥料常常要在植物开花之前施加，促进大量花蕾形成。

# 选择肥料

不同植物拥有不同的营养需求，所以要确保你以正确的剂量施加正确的肥料。要记住，过度施肥和施肥不足一样糟糕，甚至更加糟糕（见第213页）。

**均衡液体肥**

大多数家居植物需要均衡液体肥，你可以买到粉末或浓缩液供稀释使用，也可以买到已经混合好的溶液。这种类型的肥料需要在植物生长期（通常是春季至秋季）定期施加。

**高钾肥料**

这种肥料富含促进开花的钾。它通常被作为浓缩液出售，需要稀释使用。番茄肥料含钾量高，可用于开花植物以及结果实的植物，如珊瑚樱。

**缓释颗粒肥**

大型或木质化植物，如乔木、灌木和多年生攀缘植物，会受益于此。以颗粒或片剂的形式（见左图）施加到基质中，每年一次，通常在早春施加。浇水令颗粒分解，然后它们就会释放养分。

这瓶溶液使用专门调配的肥料为兰花滴灌施肥

**专用肥料**

对于有特殊需求的植物，如兰花、仙人掌和食肉植物，生产商开发出了专门为它们精心配制的肥料。它们通常以易于使用的溶液形式出售。例如，某些专用肥料会装在小瓶子里，可以直接插入基质使用，然后渐渐将养料滴灌给植物（见上图）。

# 为植物选择基质

使用下面的指南为你的植物选择最适宜的基质，以及将其上盆时可能需要的任何额外材料。在上盆时要使用新鲜基质（见第192—193页），不要重新利用其他植物使用过的基质，因为这种基质不但缺乏营养，而且可能含有隐藏的病菌或害虫。

## 什么是基质？

"基质"（或者更准确地说，"生长介质"）这个名字通常用来描述盆栽植物种植在其中的类似土壤的材料。基质有多种不同类型，由土壤（或"壤土"）、腐熟有机质（和你使用堆肥箱在家自制的堆肥相似）、沙子和砾石等集料，以及肥料混合而成。有些基质还含有泥炭，但是由于泥炭的开采会对天然泥炭沼泽造成可持续性的威胁，许多人更喜欢使用不含泥炭的替代品。

**多用途基质**
这种质量较轻的类型又称全效基质，可能含有泥炭。使用天然材料如椰壳纤维、树皮和腐熟木纤维制造而成，大多还含有可为植物提供数周养分的肥料。
**最适合** 一年生开花家居植物

**土壤或壤土基质**
这种类型又称约翰·英尼斯（John Innes）基质，它含有灭菌土壤和多用途基质中的一些天然材料，以及一系列植物需要的基本营养。常用于那些将在花盆里生长不止一年的植物。
**最适合** 乔木、灌木，以及多年生攀缘植物

**室内植物基质**
它是为了满足大部分室内植物的需求而配制的，如果你不知道自己种植的植物有什么需求，它提供了简便快捷的解决方法。和多用途基质相似，大多数种类含有泥炭和一系列植物需要的基本营养。
**最适合** 大部分室内植物，有特殊需求的除外，如兰花和仙人掌（见右页）

## 播种和扦插基质

顾名思义，它是播种和扦插的最佳选择。良好的排水性能可以防止腐烂，而细腻的质地意味着就算是微小的种子也能与基质充分接触，促进萌发。

**最适合** 播种，扦插，给幼苗上盆

## 专用基质

此类基质是为特定植物配制的，如兰花、仙人掌或食肉植物。对于需求十分特别的植物，它省去了你自己仅凭臆测的调配。

**最适合** 兰花、仙人掌和多肉植物、食肉植物

## 杜鹃花基质

这种基质与多用途基质相似，是为需要酸性土壤条件的植物设计的，如杜鹃花和蓝色绣球花。种植后，当基质中的肥料被植物消耗完毕，记得施加适合喜酸植物的肥料。

**最适合** 杜鹃花、蓝色绣球花，以及某些蕨类

## 你可能需要的其他材料

下列材料常常与基质混合在一起，以减轻其质量或增加透气性，或者帮助提升排水性能。对于特定种类的植物，在植物简介章节（第101—175页）中查看盆栽建议，看看它是否需要这些材料和恰当的用量。

**蛭石和珍珠岩**是受热后形成海绵状颗粒的矿物。它们都可以提升排水性，又能充分保水，然后将水分逐渐返还到基质中。它们常常与基质混合使用，或用于覆盖种子，令它们保持湿润。

**碎石和沙砾**都能防止基质涝渍。碎石如果添加到花盆底部，会造出一个能让水排入其中的蓄水池，而较小的沙砾颗粒常常与基质混合，以提升排水性能，为多肉植物和其他喜旱植物提供理想的生长条件。

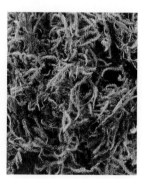

**园艺沙**常常与基质混合，创造出多肉植物和其他喜旱植物需要的排水顺畅的条件。要使用清洗并消毒过的细沙，对于大多数家居植物来说，建筑用沙含有太多石灰。

**泥炭藓**可以放置在基质表面，创造出蕨类等某些植物喜欢的湿润条件。它还被掺入喜潮湿或涝渍环境的食肉植物及其他物种的生长基质中。

# 为植物换盆

选择正确的花盆会帮助你保持家居植物健康。好的容器应该提供优良的排水性能。随着植株的生长，每隔几年就需要更换一次花盆，以防植株根系变得拥挤而生长受限。

**如何识别需要换盆的植物**

检查下列因素，它们可能意味着你的植物需要换盆：

1. 涝渍的基质可能表明植物的花盆没有排水孔，这意味着需要换一个有排水孔的新花盆。

2. 根系从花盆底部的排水孔里长出来，意味着植物的根系受限。

3. 当你将植株从花盆中取出时，根系紧密地环绕着根坨侧壁。注意：一些植物喜欢根系生活在局促的环境中，所以先在植物简介章节（见第101—175页）查找植物的换盆建议。

4. 叶片颜色变浅或发黄，这可能是根系因为拥挤而无法有效吸收养分的迹象。

5. 植株萎蔫，这也可能是根系拥挤的迹象。

## 如何为植物换盆

在为植物换盆时，选择比原来的容器大一号的花盆。可以使用一个带排水孔的装饰性花盆搭配不透水的托盘（如图所示），或者使用普通的塑料花盆并将其放入更漂亮且不透水的套盆里。

### 你需要什么

**植物**
· 根系受限的植物

**其他材料**
· 比原来的容器大一号且底部带排水孔的花盆
· 适合植物的基质（见第101—175页植物简介）
· 装饰性不透水套盆（可选）

**工具**
· 浇水壶（如有必要，配以花洒）

**1** 大多数植物每2—3年换盆一次，年幼植株每年换盆。如果你怀疑自己的植物根系受限，请检查根系是否从花盆的排水孔中长出。

**2** 选择宽度和深度足以容纳根坨，并在边缘和顶部留出一些浇水空间的新花盆。换盆之前大约半小时，给植物充分浇水。

"根系受限的植物拥有紧密包裹在一起的根，而且根系会从花盆的排水孔中长出。"

**3** 在新花盆底部加入一层基质。将植物从原来的容器中取出。轻轻梳理紧密包裹在根坨边缘或基部的根系，然后将植物放在基质上，确保根坨顶部位于花盆边缘以下1厘米处。这是为浇水预留的空间，让水在渗透进基质之前可以停留在基质表面。

**4** 把更多基质填入根坨周围，向下轻压以去除空隙。不要埋住茎（以及气生根，如果有的话），它在基质中的深度应该和在原来的花盆中一样。轻轻浇水，注意保持叶片干爽。

### 照料大型植物

如果你有一株想要令其维持现有尺寸的大型乔木或灌木，就将其从容器中取出，剪去根坨边缘的少量根系，然后使用新鲜基质将它重新种植到原来的花盆里。如果每年春天使用一层新鲜基质和肥料更换表层基质，较大的植物也可以年复一年地种植在同一容器中——按照下列步骤令你的植物保持健康。

**1** 移除表层基质，注意不要损伤根系。按照推荐剂量施加缓释颗粒肥（见第189页）。

**2** 添加新鲜基质到原来的高度，向下轻拍以去除空隙。充分浇水，令新基质在根系周围沉降。

# 为植物塑形

如果你的植物失去了它原本的形态，即将超出可供生长的空间，或者出现了死亡或染病部位，那么它就需要修剪了。定期修剪还可以促进更多花的形成，并让植株更加茂盛。按照下面这些简单的修剪技巧，让你的植物保持整洁和良好的健康状态。

## 为何修剪？

**令大型植物保持紧凑**
去掉或截短长枝有助于维持植株的大小，但是频繁修剪实际上会促进生长，所以每年只需将其剪短1—2次。

**去除死亡或染病部位**
将看起来已经死亡或者染病的植物部位切除，然后对工具消毒。还要去除彼此摩擦的茎，它们会造成擦伤。

**让植物更加茂盛**
去除茎尖会让植株释放出一种化学物质，该物质会刺激下面的更多侧枝生长，令植物更加茂盛。用修枝剪或者手指摘去茎尖。

**促进更多花的形成**
花凋谢后去除开花老枝。这会让植物将本来用于结籽的能量用于开更多的花。

---

**哪些需要修剪**

1. 死亡、折断或有裂缝的茎

2. 染病的茎，任何褪色或有异常斑纹的茎

3. 彼此摩擦的茎

4. 棕色或褪色的叶

5. 令植株形状不均衡的过长的茎

6. 茎尖，以促进植株茂盛生长

7. 植株顶部最高的枝条，以防它长得过高

8. 开过花的老枝，促进重新开花

9. 花叶植物中长出纯绿色叶片的茎

**修剪前**

**修剪后**

# 如何修剪

虽然你可以在一年当中的任何时候修剪不健康的部位，但大部分植物最好在早春进行修剪，此时它们还没有开始进入快速生长的时期。核对植物简介章节（见第101—175页），确定植物的修剪需求。在开始修剪之前要先检查植物，这样才能知道需要除去哪些枝条。

（见第101—175页）

## 你需要什么

**植物**

· 畸形植物或者超出其生长空间的过大植物

**工具**

· 锋利、干净的修枝剪
· 家用消毒剂

**1** 修剪时，使用锋利的修枝剪剪到叶柄、节（茎上形成新生长点的隆起部位）或侧枝与主枝相交处向上一点儿的地方。若要去除整根茎，从基部将其切除。

**2** 去除任何死亡、受损或染病的茎，剪短至健康部位。还要剪去互相摩擦的茎。花叶植物要去除生长纯绿色叶片的茎。

**3** 去除不健康的部位之后，重新查看植物的形状，去除令植物畸形或者形状不平衡的茎。如果轮廓中出现空隙，则剪去空隙周围的茎尖，能促进植物生长得更加茂密。

**4** 如果你的植物已经长到了你想要的高度，就将最高的主枝截去，阻止植物进一步生长。完成修剪工作后，使用家用消毒剂为你的工具消毒，放在水龙头下面冲洗，然后晾干。

# 如何让兰花再次开花

兰花通常在开花时购买，如果精心照料，花期可以持续
多个星期。当它们的花朵最终枯萎凋谢时，通过下面这些简
单的步骤，能让它们在一段时间的休息之后再次开花。

## 良好的健康状态

让兰花再次开花的养护措施也会让你的植株保持健康，
因为你会给它们提供良好生长所需的最佳条件。一株健
康的兰花可以活几十年，每8—12个月开一次花。

### 你需要什么

**植物**
· 即将凋谢的成年兰花

**其他材料**
· 比原来的花盆大一号且底
  部有排水孔的花盆（可选）
· 适合植物的基质（见植物
  简介章节的兰花部分，第
  110—115页）

**工具**
· 修枝剪
· 软布
· 浇水壶
· 喷壶或者装有潮湿卵石的
  托盘
· 适合的肥料

**1** 将花茎剪短至第二条浅色横纹上方一
点的位置。这令植物将所有能量用于
制造新的叶片而不是种子。叶片将为下
一次开花供应能量。

**2** 确保植物得到大量光照，因为阳光太
少会阻碍花的形成。在冬季光照较弱
的时候，将它放到靠近窗户的地方，并
且每1—2周擦去叶片上的灰尘，最大限
度地增加它们可以吸收的光线。在夏天，
记得让植株避开正午的直射光。

**3** 如果根系严重受限，就为植株换盆（见第192—193页）。使用比原来的花盆稍大一号的花盆，因为大多数兰花喜欢根系稍受压迫。

**4** 令植株保有充足的水分，在冬季降低浇水频率。每1—2天使用雨水或蒸馏水给叶片和气生根喷水，或者将其放置在装有潮湿卵石的托盘里（见第187页）。

**5** 使用兰花专用肥或均衡液体肥给植株施肥，为你的植物施加恰当的剂量（见第188—189页）。在冬天，根据植物的特定需求，减少施肥量或者不施肥。

**6** 核对你的植物对气温的需求，比如它是否需要夜间显著降温。9—12个月后（取决于兰花的类型，见第110—115页），将它转移到较凉爽的房间促进花蕾形成，然后带回到温暖处开花。

### 了解兰花的需求

每种兰花良好生长并再次开花所需的条件稍有不同，所以先在植物简介章节的兰花部分（见第110—115页）中查找你的兰花，再制定养护措施。

1. 将季节变化考虑在内。一些来自凉爽、潮湿森林的兰花喜欢较低的温度，而另一些兰花可以在较温暖的环境中良好开花，如蝴蝶兰。

2. 留意需要显著昼夜温差才能开花的兰花种类，如卡特兰、兰属兰花、石斛和万代兰。

3. 确定你的植物若要开花，需要的是否为高钾肥料，而非专用兰花肥料。

4. 要有耐心。虽然蝴蝶兰可以在仅8个月的休眠后再次开花，但大多数兰花每年只开一次花。

# 如何在室内种植球根植物

在秋季种下球根植物，冬季和次年初春就能在室内欣赏鲜花了。在气候较冷的国家，朱顶红等不耐寒的球根植物应该在室内种植，而要想让耐寒的室外类型提前在室内开花，可以先将它们种在冷凉地点，然后再搬到温暖的房间里开花。

## 种植不耐寒的球根植物

朱顶红的种球（秋末至仲冬有售）不耐寒，在室外霜冻环境中会被冻死，但它们可以种植在室内，只要稍加养护，就能长成美丽的家居植物。

### 你需要什么

**植物**

· 朱顶红种球

**其他材料**

· 带排水孔的花盆，比种球稍宽，深度约为种球高度的1.5倍
· 种球基质（专门为种植球根植物调配的基质）或多用途基质

**工具**

· 浇水壶

**1** 浸泡种球数小时。将种球放置在一层基质上，然后在周围填充更多基质，让种球的三分之二露出基质表面。

**2** 充分浇水，然后静置，排出多余水分。将花盆放置在明亮温暖处。少量浇水，直到萌芽出现。之后保持基质湿润。

**3** 每天转动花盆，让茎均匀生长。转移到更冷凉的房间，花蕾会在种植后6—8周出现。如有必要，将较高的茎固定在一根细棍上。开花后，每周施加一次均衡液体肥，直到叶片枯死。放置在冷凉、明亮的地方，在夏末至仲秋的休眠期间不要浇水或施肥。

## 种植耐寒的球根植物

户外球根植物到了室内常常被"催花",开花时间会早于通常情况下在室外的开花时间。适合催花的球根植物包括风信子和葡萄风信子,水仙花和铃兰的催花方法略有不同(见下文)。包括风信子和白水仙在内,一些种球出售时会有"已处理"的标签。这些种球已经受到模拟冬季的冷处理,这是它们在开花之前必须经历的过程,因此它们会在冬季而非春季开花。其他种球不需要这种处理也能提前在室内开花,但要等到冬末才开花。

**1** 在花盆里铺一层球根基质。给基质浇水,然后静置排水。戴上手套(种球会刺激皮肤),将种球均匀放置在基质上,确保带尖的一端朝上。

**2** 在种球四周填充基质,令尖端刚好露出基质表面。在基质表面和花盆顶端留出1厘米的落差。将花盆放入黑色塑料袋中,然后放置在冷凉黑暗处。

### 你需要什么

**植物**
· 已处理的风信子种球或未处理的葡萄风信子种球

**其他材料**
· 带排水孔的宽花盆
· 球根基质

**工具**
· 手套
· 黑色塑料袋
· 配备花洒的浇水壶

**3** 每周检查一次,如果球根基质变干就少量浇水。当新芽长到5厘米高时(通常6—10周后),移去塑料袋并将花盆转移到无阳光直射的凉爽室内。放在稍温暖的地方等待开花。

### 水仙花和铃兰的催花

要给水仙花种球催花,先按照步骤1和2进行处理,但是要用一层薄薄的基质完全盖住种球。在10℃以下的冷凉房间找一个无阳光直射的明亮地点放置6—12周,然后转移到更温暖的地方开花。最适合催花且有香味的水仙花是不耐寒的白水仙,可在12周之内开花。

种植铃兰使用的是根状茎,它们在冬季出售,已经有根系长出。将根状茎浸泡2小时,然后使用土壤基质种植在带排水孔的高而深的花盆里,令根状茎的顶端刚好位于基质表面之下。浇水,然后放置在半遮阴的冷凉房间里,避开阳光直射。花会在3—5周后出现。

# 如何繁殖植物

在家里摆满你喜爱的植物，这有可能花费不菲，但是很多植物繁殖简单，利用第一次买来的植株就能得到大量新的植株。参照下面的指南，确定哪种方法最适合你的植物。很多植物可以扦插繁殖，而另一些植物最好用分株、吸芽或种子繁殖。

---

## 应该使用哪种繁殖方法？

**茎插法**适合大多数茎柔软的植物；也可以使用木质化程度较高的茎，但是需要更长的时间才能生根。（第200—201页）

**叶插法**对秋海棠、海角苣苔、虎尾兰和多肉植物是最有效的。（第202—203页）

**水培法**适用于大多数家居植物，不过木质化程度较高的植物需要较长的时间才能生根。（第204页）

**分株法**可用于拥有须状根系并在母株旁萌发新枝的植物。（第205页）

**吸芽法**适合生长幼小吸芽的植物，如凤梨和吊兰（第206—207页）

**播种法**常用于种植一年生植物。多年生植物也可以播种，但需要较长的时间才能发育成熟。（第208—209页）

---

## 茎插法繁殖

作为制造新植株最简单的方法，它适合大多数茎柔软的家居植物。在春天或初夏植物迅速生长时采集插穗，要使用幼嫩柔韧的茎，不要使用木质化程度高的老茎，后者需要更长的时间才能生根。包括这里的吊竹梅在内，许多植物会在6—8周生根。

---

## 你需要什么

**植物**
· 拥有健康嫩茎的成年植物

**其他材料**
· 植物激素生根粉（可选）
· 小塑料花盆或播种盘
· 扦插基质
· 多用途基质

**工具**
· 修枝剪或锋利干净的小刀
· 挖洞器
· 配备花洒的小浇水壶
· 塑料袋和橡皮筋，或播种盘的盖子

**1** 春季或初夏，从健康植株上选择一根不开花的茎。使用干净的修枝剪，从顶端剪去10—15厘米长的一段，在连接叶片的节下方一点作切口。

**2** 摘除最下面的2—3片叶（或者2—3组叶，如果它们对生的话）。用这种方法采集数根插穗，确保母株仍剩余大量枝叶。

**3** 将插穗底端蘸入植物激素生根粉。这是可选步骤，因为大多数植物的茎无须这样做也能生根，但需要的时间会更长。

**4** 用扦插基质填满小塑料花盆或播种盘。用挖洞器在基质中戳一个孔。将插穗放入孔里，轻轻压实周围的基质。

**5** 每个花盆插入最多3根插穗，或者每个小型播种盘插入6根插穗。使用配备花洒的浇水壶少量浇水，令茎周围的基质沉降稳定。

**6** 用塑料袋套在花盆上并用橡皮筋固定，或者用盖子盖在播种盘上。保持基质湿润，但不能潮湿。根会在6—8周后长出。新的枝叶萌生后，将插穗移植到装有多用途基质的小花盆里。放置在避开直射光的明亮地点继续生长。

# 叶插法繁殖

叶片能够长出根系，这听起来似乎不大可能，但是许多植物都能做到这一点。秋海棠类植物是最常使用叶插法的种类，如这里的蟆叶秋海棠，但是你也可以尝试海角苣苔、虎尾兰和多肉植物，如拟石莲花属植物。

## 你需要什么

**植物**
· 拥有硕大健康叶片的成年植物

**其他材料**
· 扦插基质
· 珍珠岩

**工具**
· 锋利的小刀或修枝剪
· 切割板
· 12厘米的塑料花盆或小型播种盘
· 透明的聚乙烯塑料袋和橡皮筋
· 配备花洒的小浇水壶
· 小花盆
· 勺子
· 多用途基质

**1** 选择一棵拥有较多硕大叶片的健康植株。在采集插穗前大约30分钟充分浇水。

**2** 选择一枚硕大叶片，然后使用锋利的小刀从叶柄基部将其切下，放置在干净的切割板上。

3 切去叶柄周围的一小块叶片，将其丢弃。然后将剩下的叶子切成2厘米长的小片，每片都有叶脉将其贯穿（叶脉在背面更显眼）。

4 在塑料花盆或播种盘中填入扦插基质和一把珍珠岩的混合物。向下轻轻按压，去除可能存在的气穴。小心地将切成小片的叶子插入，令其站立且叶脉与基质接触。

5 用配备花洒的小浇水壶为插穗浇水，帮助它们周围的基质沉降稳定下来。确保多余的水能够排走，否则插穗会腐烂。

6 用塑料袋和橡皮筋密封花盆，然后放置在避开直射光的温暖区域。插穗需要6—8周长出新的叶片和根。长出2—4枚叶片时，用勺子挖出每个插穗，保持根系完整，然后使用多用途基质移栽到小花盆里。充分浇水，放置到避开直射光的温暖明亮处继续生长。

### 其他植物的叶插法

**海角苣苔**的叶片应在中脉的两侧切割。丢弃中脉，然后将叶片的两侧插入扦插基质，切面朝下。然后按照步骤4和步骤5进行。

**虎尾兰**的繁殖方法是将幼嫩健康的叶片按水平方向切成5厘米长的小段。扦插叶段时，将每片的底端插入扦插基质。然后按照步骤4和步骤5进行。

**多肉植物**的叶片切下后应保持完整，静置24—48小时，直到切口端完全变干。在花盆里装入仙人掌基质和沙子按照2：1的比例混合而成的基质，再将叶片插入基质中，切口端向下，然后在基质表面增添一些沙砾。不要密封插穗。当2—4枚新叶长出时，使用仙人掌基质将它们种进小花盆里，少量浇水，然后放置在明亮处继续生长。

# 水培繁殖

这种方法快捷简便，对于新手来说是很棒的繁殖方法。它对于儿童来说也很有趣，因为他们可以观看茎段上的根系如何一天天地生长。许多家居植物可以用这种方式繁殖，尤其是茎比较柔韧的种类，如非洲堇（如这里所示）、绿萝，以及豆瓣绿属和冷水花属植物。

## 你需要什么

**植物**
· 成年健康植株

**其他材料**
· 多用途基质

**工具**
· 剪刀，锋利干净的小刀，或者修枝剪
· 玻璃杯或罐子
· 带排水孔的小花盆

**1** 选择一根不开花的健康茎，用小刀、剪刀或修枝剪从基部将其切下。茎上有节（茎上的膨大结构）的话，从节下方作切口。

**2** 确保叶片有一段至少5厘米长的柄。如果茎上生长着多枚叶片，将最底部的几组叶片摘除，令其下半部分完全裸露。

**3** 将插穗放在一杯水里，确保叶片不被水淹；让叶片靠在杯子边缘。数周后，根会从茎的基部长出。

**4** 当良好的根系在水中长出来时，将每根插穗移栽到装有多用途基质的小花盆里。放到避开直射光的明亮区域继续生长。

## 分株繁殖

某些植物种类拥有须状根系网，这些须根会在植株旁边长出新的茎。如果你看到成年植株（"母株"）基部旁边长出新的枝条，就可以使用这种简单的方法将它分成两到三棵新的植株。在这里，我们对一株虎尾兰进行分株。其他适用于这种方法、容易分株的植物包括一叶兰、非洲天门冬、波士顿蕨、白鹤芋，以及大多数肖竹芋属物种。

### 你需要什么

**植物**
· 从旁边长出新枝条的成年健康植株

**其他材料**
· 多用途基质

**工具**
· 浇水壶
· 锋利、干净的小刀
· 与根坨大小相适应的塑料花盆

**1** 将植株从其塑料花盆中取出之前大约1小时，为它浇水。用手指从根坨上挖走一些基质，这样你就能更清楚地看到茎和根系相连的地方。

**2** 如有可能，用手梳理根系，将新枝条从母株上分开，确保两部分都有大量根系连接在茎上。

**3** 如果根坨过于密集，用锋利的小刀将它割开，确保所有茎都有一部分根（切掉几条根影响不大）。

**4** 在新花盆中填入多用途基质。将分株苗种在花盆里，注意不要损伤根系。种植深度和在原来的花盆里时保持一致，不要埋住茎。浇水，然后放置在避开直射光的温暖明亮处。

## 吸芽繁殖

吸芽是从母株上长出的幼小植株。某些植物的母株开花后可能会死亡，然后被吸芽取而代之；除了所有凤梨科植物（见右图），一些仙人掌和多肉植物也是如此。成年吊兰则经常在蔓生长茎上长出吸芽，它们可以上盆种植，成为新植株（见右页）。

### 你需要什么

**植物**

· 正在开花的成年凤梨，基部周围生长着吸芽

**其他材料**

· 植物激素生根粉
· 仙人掌基质（或者土壤基质和沙子按照 2 : 1 的比例配制的混合物）
· 珍珠岩

**工具**

· 锋利、干净的小刀
· 干净的软布
· 10 厘米塑料花盆
· 用于立桩固定的短棍
· 配备花洒的小浇水壶

**1** 先确定植株基部周围的吸芽长到母株的 1/3—1/2 大 小 时，再采下它们。和更幼嫩的吸芽相比，它们的生根情况会更好。

**2** 小心地将植株从花盆中取出。使用锋利的小刀将母株旁边的吸芽切下。尽量不要损伤母株，如果它没有枯死，可以重新上盆，因为它还可以继续制造更多吸芽。

**3** 如果有一枚薄薄如纸的叶片盖住了吸芽的底部，就将它拉上去以露出底部，撒上植物激素生根粉。如果底部还没有长根，不要担心，在这个阶段，它们对于繁殖的成功并非必不可少，因为生根粉会刺激根系生长。

4 在10厘米塑料花盆中装入混有一把珍珠岩的仙人掌基质。将吸芽的底部插入基质，注意不要埋住太多茎，否则可能导致其腐烂。少量浇水，令吸芽周围的基质沉降稳定下来。

5 如果吸芽太重，无法独自站立，就将它固定在一根短棍上。将花盆放置在避开直射光的明亮处，保持基质湿润，但不能潮湿。根会在数周后长出。新的枝叶长出后，按照植物简介章节中凤梨科植物（见第102—105页）的建议换盆。吸芽需要2—3年发育成熟和开花。

## 给吊兰的吸芽上盆

吊兰很容易使用吸芽繁殖，它们的吸芽又称"蜘蛛"，这也是它们英文名字（spider plant）的来源。这些吸芽生长在从母株垂下的长茎的末端。

1 等到你的植物在蔓生茎的末端长出一些叶片茂盛的小吸芽后，寻找那些健康且有几组叶片的吸芽。

2 选择从基部长出小根的吸芽。在小塑料花盆里装入扦插基质，然后将吸芽插入基质。不要埋得太深。

3 不要将吸芽从母株上切下。保持基质湿润，等待新的枝叶出现，这是吸芽形成自身根系的迹象，然后你就可以将它从母株上切下来了。

## 播种繁殖

使用种子培育植物比你想象的容易，但是在幼苗发育为成年植株的几个月内，请做好精心呵护它们的准备，因为持续任何一段时间的气流都可以杀死它们。一年生植物（在同一年生长、开花和死亡的植物）是适合新手的好选择，包括紫芳草、新几内亚凤仙，以及彩叶草（如这里所示）。每年购买新鲜的种子，得到的效果最好。

### 你需要什么

**植物**

· 袋装室内植物种子

**其他材料**

· 扦插基质
· 蛭石

**工具**

· 配备透明塑料盖的小型播种盘
· 筛子，用于筛基质（可选）
· 植物标签
· 小勺子
· 模块育苗托盘，或者小塑料花盆
· 配备花洒的浇水壶
· 较大的花盆
· 多用途基质

**1** 使用潮湿的播种基质将播种盘几乎填满。将播种盘的盖子翻过来，用盖子顶部按压基质，得到平整表面并去除可能存在的气穴。将种子均匀地播种在基质表面。

**2** 使用蛭石或者一层筛过的非常薄的播种基质覆盖种子。贴上标签，盖上盖子，然后放置在避开阳光直射的明亮区域。种子需要光照才能萌发。

**3** 保持基质湿润，但不能潮湿。第一批叶片萌发后立刻取下盖子，让幼苗继续生长，直到它们长出4—6片新叶。

**4** 在模块育苗托盘或者塑料花盆中装入播种基质。用勺子在基质里挖一个洞，然后再用勺子挖出一株幼苗，保持根系完整。手持幼苗的叶片，将它种进其中的一个模块里。

**5** 轻轻压实幼苗基部周围的基质。重复这个过程，直到整个托盘种满幼苗，然后用配备花洒的浇水壶浇水。保持基质湿润，但不能潮湿。过度浇水会让幼苗腐烂。

**6** 将种植幼苗的托盘或花盆放置在避开直射光的温暖明亮处继续生长。每1—2天转动一次，令植株生长均衡，不会朝向光源伸展，变得又高又细。

**7** 当幼苗长到10—15厘米高时，将它们移栽到装有多用途基质的更大的花盆里。掐去茎尖，刺激植物生长得更茂盛（见第198页）。它们会很快长成可以观赏的成年植株。

# 我的植物出什么问题了

如果你的植物看上去状态不好，下面这份简单的图表可以帮助你确定可能的原因。仔细检查植株的症状，然后尝试找出这些问题的来源，再采取相应措施。大多数问题可以通过养护上的轻微调整来解决，所以应该总是首先尝试最简单的补救措施。

**原因和解决方法**

一旦确定症状最有可能的成因，就翻到下面这几页寻找解决方法。

**养护不当**通常是家居植物健康状况不佳最有可能的原因。（第212—213页）

**生病**也可能是潜在原因；熟悉值得警惕的迹象，并学会如何处理。（第214—215页）

**害虫**是另一种可能性，所以要留意寻找它们，如果你找到了任何害虫，将它们清除干净。（第216—219页）

| 问题 | 可能的原因 | 解决方法 |
|---|---|---|
| 叶尖褐化 | 浇水不足或过多 | 检查基质是否过于干燥或者饱和（见第213页） |
| | 空气干燥（如果这种植物更喜欢高湿度的话） | 为植株喷水，或者放置在装有潮湿卵石的托盘上（见第187页） |
| | 高温/阳光过于强烈 | 转移到更凉爽的地方，并增加浇水（见第213页） |
| | 施肥过度 | 严格按照建议频率和剂量施肥（见第213页） |

| 问题 | 可能的原因 | 解决方法 |
|---|---|---|
| 叶片发黄或泛红 | 施肥不足 | 严格按照建议频率和剂量施肥（见第213页） |
| | 浇水不足或过多 | 检查基质是否过于干燥或者饱和（见第213页） |
| | 寒冷气流 | 转移到更温暖的区域（见第213页） |
| | 叶片自然脱落 | 什么都不用做；所有植物的叶片都会时不时变黄脱落 |

| 问题 | 可能的原因 | 解决方法 |
|---|---|---|
| 叶片出现孔洞 | 虫害损伤 | 检查叶片上有无害虫（见第216—219页） |
| | 人或宠物从旁边经过时造成的机械损伤 | 转移到更安全的地方 |

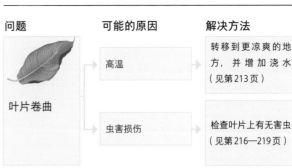

| 问题 | 可能的原因 | 解决方法 |
|---|---|---|
| 叶片卷曲 | 高温 | 转移到更凉爽的地方，并增加浇水（见第213页） |
| | 虫害损伤 | 检查叶片上有无害虫（见第216—219页） |

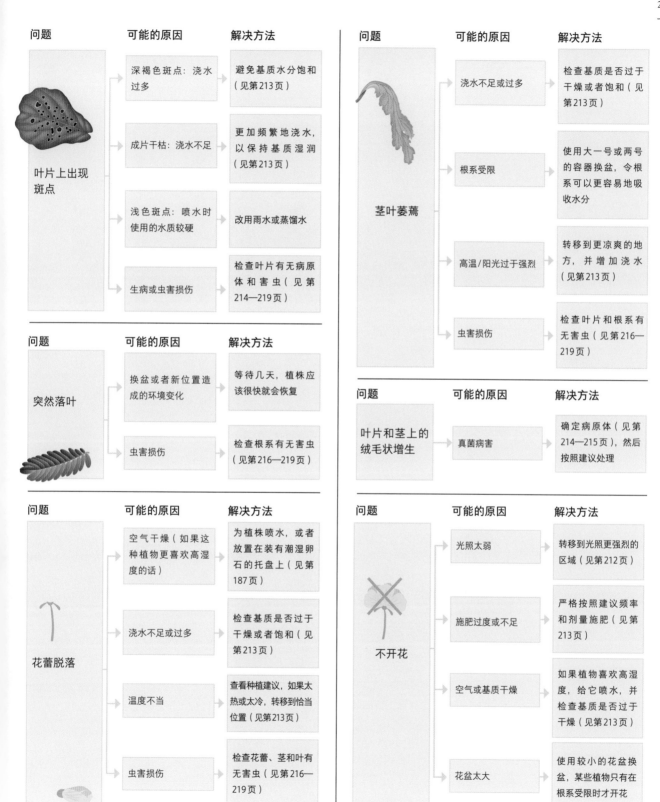

| 问题 | 可能的原因 | 解决方法 |
|---|---|---|
| 叶片上出现斑点 | 深褐色斑点：浇水过多 | 避免基质水分饱和（见第213页） |
| | 成片干枯：浇水不足 | 更加频繁地浇水，以保持基质湿润（见第213页） |
| | 浅色斑点：喷水时使用的水质较硬 | 改用雨水或蒸馏水 |
| | 生病或虫害损伤 | 检查叶片有无病原体和害虫（见第214—219页） |

| 问题 | 可能的原因 | 解决方法 |
|---|---|---|
| 突然落叶 | 换盆或者新位置造成的环境变化 | 等待几天，植株应该很快就会恢复 |
| | 虫害损伤 | 检查根系有无害虫（见第216—219页） |

| 问题 | 可能的原因 | 解决方法 |
|---|---|---|
| 花蕾脱落 | 空气干燥（如果这种植物更喜欢高湿度的话） | 为植株喷水，或者放置在装有潮湿卵石的托盘上（见第187页） |
| | 浇水不足或过多 | 检查基质是否过于干燥或者饱和（见第213页） |
| | 温度不当 | 查看种植建议，如果太热或太冷，转移到恰当位置（见第213页） |
| | 虫害损伤 | 检查花蕾、茎和叶有无害虫（见第216—219页） |

| 问题 | 可能的原因 | 解决方法 |
|---|---|---|
| 茎叶萎蔫 | 浇水不足或过多 | 检查基质是否过于干燥或者饱和（见第213页） |
| | 根系受限 | 使用大一号或两号的容器换盆，令根系可以更容易地吸收水分 |
| | 高温/阳光过于强烈 | 转移到更凉爽的地方，并增加浇水（见第213页） |
| | 虫害损伤 | 检查叶片和根系有无害虫（见第216—219页） |

| 问题 | 可能的原因 | 解决方法 |
|---|---|---|
| 叶片和茎上的绒毛状增生 | 真菌病害 | 确定病原体（见第214—215页），然后按照建议处理 |

| 问题 | 可能的原因 | 解决方法 |
|---|---|---|
| 不开花 | 光照太弱 | 转移到光照更强烈的区域（见第212页） |
| | 施肥过度或不足 | 严格按照建议频率和剂量施肥（见第213页） |
| | 空气或基质干燥 | 如果植物喜欢高湿度，给它喷水，并检查基质是否过于干燥（见第213页） |
| | 花盆太大 | 使用较小的花盆换盆，某些植物只有在根系受限时才开花 |

# 处理养护相关问题

家居植物的多数健康问题都是由不恰当的养护造成的，而且在大多数情况下很容易纠正。一旦找出造成问题的最有可能的原因（见第214—215页），就可以使用下面的指南找到令其恢复健康的方法。

## 养护先行

要让你的植物保持欣欣向荣，就要按照植物简介章节（见第101—175页）中的养护建议行事，如果它开始表现出任何健康状况不良的迹象，就要采纳下面列出的建议。如果采取行动数天后，情况依然存在，原因就可能在于其他方面。回到第210—211页，看看问题是不是由病虫害造成的，然后按照建议的解决方法行事。记住，如果植物得到正确的养护措施和环境条件，它们对病虫害的侵袭会更有抵抗力。

### 保持植物健康的黄金法则

1. 翻到植物简介章节，核查你的植物对光照、温度、浇水和施肥的需求（见第101—175页）。

2. 种植在带排水孔的花盆里然后浇水，令基质不会涝渍。

3. 将植物放置在它需要的适当光照强度下。

4. 将植物放置在适当的温度下，远离加热器，并提供良好的通风条件。

5. 根据植物的需求为其施肥——施肥过量和不足都会造成伤害。

6. 清理基质表面的落叶和花，它们会腐烂，导致真菌病害。

7. 每过几天，检查植物有无病虫害迹象。

8. 切除任何染病的植株部位，并迅速清除任何害虫。

放在光照不足处的植物会生长畸形，因为茎会朝向阳光伸展

## 光照不足

**问题** 将你的植物放置在充足的光照条件下，这对它的健康至关重要；日照太少会导致茎长得又高又细，植株偏向一边，叶片发黄或者色浅，花少或者不开花。

**解决方法** 核查植物简介章节（见第101—175页），确保你的植物得到它需要的光照条件。每几天转动一次花盆，以防茎向日照方向伸展，长得高而细弱或者偏向一边。

## 光照过强

**问题** 即便是某些喜阳植物，也无法忍耐盛夏的强烈日照。症状包括褐色叶尖、褐色叶表面以及姜蔫。

**解决方法** 将植物从阳光直射的窗台或房间转移到光线散射的区域，或者在窗户上悬挂纱帘。

## 太冷

**问题** 寒冷的气流会导致叶片变黄或泛红，然后脱落。有时，由于气温突然下降阻碍了正常生长，叶片长成畸形。

**解决办法** 令植物避开寒冷气流，如不要摆放在门厅处，并将它们从寒冷的窗台上挪走，尤其是在冬天的夜晚。

**在冬季**，将植物从寒冷的窗台上挪走。

## 太温暖

**问题** 高温会让基质变干，令植株脱水，还可能降低空气的湿度水平。症状可能包括褐色叶尖、卷曲的叶片、萎蔫凋落的花蕾或者不开花。

**解决方法** 在夏天令植株远离炎热的直射光，并开窗或者打开空调以降低温度。气温上升时还要更频繁地浇水以保持基质湿润（但不能太潮湿，见右），冬天将植物搬到远离加热器和暖气片的地方。

## 浇水不足

**问题** 太干燥的基质会导致萎蔫、褐色叶尖、变黄或泛红的叶片、卷曲的叶片，以及脱落的花蕾或者不开花。

**解决方法** 给干燥的基质浇水后，植物会迅速恢复，并在一或两天后振作起来。如果基质非常干燥，从下方浇水可能是最好的方法（见第184页），但是注意不要过度浇水。

## 浇水过度

**问题** 浇水不足的症状也可能是浇水过度的迹象，因为过多的水分令根系开始腐烂，阻碍它们吸收水分。浇水过度还可能导致真菌病害（见第214—215页）和叶片上出现斑点，后者是由名为"水肿症"的现象造成的，指的是叶片上水分充盈的斑块发生破裂并转化为木栓质。

**解决方法** 将多余的水从不透水的装饰性花盆或托盘中倒掉。如果根坨种在无排水孔的容器中，则需要换盆。然后将植株放在沥水板上或者装有干燥碎石的托盘中晾干。

水肿症是由浇水过度造成的，导致叶片上出现木栓质斑块

## 施肥不足

**问题** 施肥不足的迹象很容易辨认，包括叶色变浅、枝叶发黄、整体长势不良，以及无花或少花。

**解决方法** 按照你的植物在植物简介节（第101—175页）中的养护建议为它们施肥。不过即使你认为你的植物营养不良，也不要施肥过多，因为这不仅会导致逆向渗透，也会损伤植物。

叶片颜色变浅或变黄常常是缺乏营养时首先出现的症状

## 施肥过度

**问题** 施肥过度会导致和施肥不足类似的症状，因为过量肥料不仅会通过名为"逆向渗透"的过程将植物细胞里的养分吸出来，还会导致叶尖变成褐色。

**解决方法** 使用大量淡水冲洗基质；使用雨水或蒸馏水，如果这是你的植物喜欢的（见第101—175页的植物简介节）。确保花盆有排水孔，令多余的水和养分可以轻松排出。

# 处理常见病害

　　即使在最合适的养护条件下，植物仍然可能屈服于病害。如果发生这种情况，就将染病植株隔离以防问题扩散，确定病害种类，然后尽快采取恰当的措施。

## 预防重于治疗

植物病害最常见的原因包括浇水过度、浇水不足和通风不良，它们会导致腐烂和其他真菌的出现，所以要按照第213页的建议保持植物健康。如果你的植物仍被病害击垮，为房间通风，同时使用杀真菌喷剂加以控制，并将花盆消毒以防再次感染。

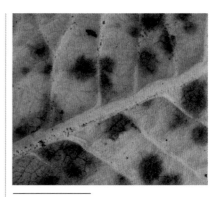

### 真菌性叶斑病

**问题** 叶片表面出现具有黄色边缘的深色斑点，然后叶片可能脱落。

**解决方法** 看到受影响的叶片后，立即将它们以及任何落到基质表面的叶片清除。在植株周围提供更好的通风条件以防再次感染，并使用杀真菌剂处理顽固症状。

### 白粉病

**问题** 这种病会在叶、茎和花上长出一层白色粉状真菌，常由缺水和不良的通风条件导致。

**解决方法** 确保你的植物不因浇水不足受到伤害，这会增加感染风险。立即清除受到影响的部位，并确保良好的通风。情况严重时使用杀真菌剂。

### 霜霉病

**问题** 这种真菌病害不仅会导致叶片上出现绿色、黄色、紫色或褐色斑块，还会让叶片背面长霉，甚至可能导致叶片变黄脱落。

**解决方法** 清除受影响的部位，将严重感染的植株装袋丢弃。避免弄湿叶片，这会增加长霉的可能性。这种病没有化学治疗方法。

### 猝倒病

**问题** 这种病害影响通风条件不良或者播种过于密集的幼苗。幼苗猝倒并迅速死亡，而且基质表面还会出现一层白色真菌。

**解决方法** 幼苗萌发后，去除任何盖子或塑料袋覆盖，令空气流通。这种病害没有化学治疗方法。

## 灰霉病

**问题** 这种真菌病害出现的迹象通常是植物茎叶上出现绒毛状灰褐色霉，它们会迅速导致茎叶腐烂。

**解决方法** 看到受影响的部位后立即将其清除，并在植株周围提供更良好的通风条件。看到霉菌后立即使用杀真菌剂加以控制，否则可能导致植株死亡。

## 煤污病

**问题** 黑色或深褐色真菌增生，主要出现在叶片上。这些真菌生长在吸食汁液的害虫如蚜虫排泄的富含糖分的蜜露上。

**解决方法** 如有可能，清除这些害虫（见第216—219页），并用温水擦去真菌。没有化学治疗方法。

## 茎腐病和冠腐病

**问题** 这种真菌病害让与基质表面接触的茎变成褐色至黑色，然后这种变色会沿着植株向上扩散，抵达叶片。植物开始表现出萎蔫症状，然后逐渐腐烂。

**解决方法** 症状一旦出现，想要阻止植物的死亡为时已晚。要想防止这种腐烂病害，要确保基质不涝渍。种植在带排水孔的花盆里，并总是将多余的水从套盆或托盘中倒出。没有化学治疗方法。

## 根腐病

**问题** 常常注意不到，直到植株萎蔫而且浇水后也无法恢复，这种真菌病害是由持续时间过长的干旱或过度浇水造成的。根变成深棕色或者黑色，然后腐烂。

**解决方法** 将受影响的植株装袋丢弃，因为这种病害没有化学治疗方法。为防止此类疾病再次发生，应确保植物基质不过于干燥或潮湿。

## 锈病

**问题** 这种真菌病害导致的铁锈色脓疮主要出现在叶片下表面，然后叶片会变黄并死亡。锈病主要影响花园植物，但也会感染种植在室内的天竺葵。

**解决方法** 避免过度施肥，这会增加感染概率。看到受影响的叶片后立即将其清除。没有化学治疗方法。

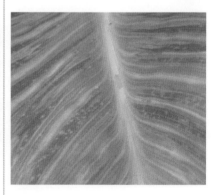

## 病毒

**问题** 叶片上出现浅绿色或黄色斑点、条纹、花斑或者圆环，植株整体发育不良或扭曲。花也可能有白色或浅色条纹。

**解决方法** 立即将感染植株装袋丢弃，防止扩散。不要将怀疑感染了病毒的植株用于繁殖。没有化学治疗方法。

# 处理常见害虫

它们可能很小，但是一旦得到机会，很多害虫可以迅速毁掉你珍贵的家居植物。经常检查有无害虫，你就能够在它们大肆危害你的植物之前将其清除，否则它们会难以控制。

## 将不速之客拒之门外

害虫可以随着你新购买的家居植物进入你的家，所以在购买时要检查茎叶花和基质，看看有没有昆虫爬在上面。打开窗户和门也为害虫提供了进入家中的机会，但是只要每周为植物进行一次健康检查，然后再将发现的任何害虫摘除，你就能够控制住大多数虫害问题。某些种类难以用肉眼看清，如红蜘蛛，所以必须仔细查看有无相应症状，然后采取必要措施保持植物无虫害。

### 蚜虫

**问题** 这些吮吸汁液的常见害虫可以长到7毫米长。它们导致叶片扭曲或卷曲，花蕾发育不良，以及植株整体长势欠佳。蚜虫还会排泄一种黏稠的蜜露，这可能导致煤污病真菌的滋生（见第215页）。

**解决方法** 寻找花蕾、茎（见下图）和叶背面上的蚜虫。清除它们的方法是，戴上塑料手套轻轻压扁它们，然后将其擦去。对于更严重的感染，试试喷洒皂基产品稀释液或者杀虫剂。

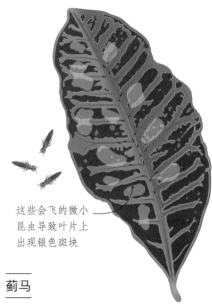

这些会飞的微小昆虫导致叶片上出现银色斑块

### 蓟马

**问题** 这些有翅膀的微小昆虫吮吸植物的汁液，长仅2毫米，除非四处飞动，否则难以看出。它们的若虫没有翅膀。它们不仅导致叶片变成暗绿色并出现银色斑块，叶片表面出现微小的黑色斑点；还会导致枝条和花蕾扭曲，花会出现白色斑纹并褪色，或者花蕾无法开放。

**解决方法** 用粘虫板诱捕这些微小的昆虫。还可以买到控制蓟马的杀虫剂。

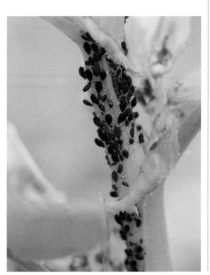

## 根蚜

**问题** 这些根蚜看上去像绿蚜虫，以植物的根为食，就像地上的蚜虫一样吸食植物的汁液。然而，因为它们隐藏在土壤里，所以在发现这种害虫之前，你会先发现症状。随着这种昆虫将根系摧毁，叶片会发育不良，萎蔫并变黄。

**解决方法** 如果浇水不能让萎蔫的植物复苏，就检查土壤中有无根蚜。在室外将基质和根蚜一起洗掉，然后用新鲜基质换盆，因为这种害虫没有化学控制方法。

根蚜从植物根系中吸食水分，导致它们萎蔫死亡

## 介壳虫

**问题** 茎上或叶片下出现长达1厘米的壳状突起，你还有可能会看到蜡质白色卵。这些吸食汁液的昆虫导致枝叶扭曲变弱，并且分泌含糖量高的蜜露，后者可能导致煤污病的出现（见第215页）。

**解决方法** 清除受影响的部位，或者用毛刷施加稀释的皂基产品或甲基化酒精（先在一小块区域试验，确保这样做不会损伤植株）。丢弃严重感染的植株。

## 红蜘蛛

**问题** 这种吸食汁液的微小昆虫会让植物的叶片出现斑驳。叶片还会褪色然后脱落；严重的感染甚至会杀死植物。

**解决方法** 立即清除受影响的部位并将其丢进垃圾桶；严重感染的植株也要丢弃，以防害虫扩散。经常为植株喷水可以减少虫害，但是不能彻底消灭这种害虫。你还可以使用杀虫剂。

虽然红蜘蛛小得难以让人看出，但斑驳的叶片是它们存在的迹象

## 蛞蝓和蜗牛

**问题** 你大概对这些黏糊糊的软体动物相当熟悉，它们不仅在叶片上啃出洞，还在茎上大口咀嚼。它们虽然主要影响室外植物，但也能随着新植株或者通过打开的窗户进入你的家。

**解决方案** 通常情况下，你可以在家居植物上看见它们，或者发现它们隐藏在装饰性花盆里。将它们摘除。

"一些害虫小得难以看出，应检查植株有无感染症状。"

"留意幼虫和若虫——它们常常和
成虫一样恶劣，甚至更糟。"

## 毛毛虫

**问题** 受这些害虫影响的家居植物不多；最常见的是卷叶蛾的幼虫，它会用细网将叶片绑起来（见下图），导致它们干枯褐化，然后脱落。其他毛毛虫会在叶片上啃出洞来，通常你会发现它们躲在叶片下面。

**解决方法** 摘除毛毛虫，或者挤压受影响的叶片，杀死毛毛虫和蛹。对于比较严重的感染，使用控制毛毛虫的杀虫剂。使用杀虫剂时要为房间通风。

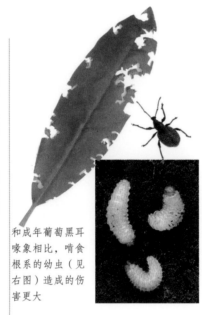

和成年葡萄黑耳喙象相比，啃食根系的幼虫（见右图）造成的伤害更大

## 葡萄黑耳喙象

**问题** 葡萄黑耳喙象成虫长约9毫米，很容易被发现。它们啃食叶片，令叶边缘出现缺口，但很少造成严重的伤害。拥有棕色头部的白色C形无足幼虫（和成虫差不多一样大）才是真正的麻烦，因为它们啃食根系，造成植株倒下死亡。

**解决方法** 摇晃植株，令成虫落下，或者在套盆周围使用黏稠的障碍物困住它们。趁行动缓慢的成虫在春夏产卵之际抓住它们。如果你看见了幼虫，可以尝试在室外冲洗根系，然后用新鲜基质换盆，或者在秋天使用锯蜂斯氏线虫（Steinernema kraussei）加以控制。

## 粉虱

**问题** 这些吸食植物汁液的白色有翅昆虫很容易被看到，即使它们长度不足2毫米。受惊时，成群的粉虱腾空而起，而且你还可能在叶的下表面找到白色壳状若虫。粉虱导致叶片和芽扭曲，植株生长不良。成虫和若虫都分泌导致煤污病的蜜露（见第215页）。

**解决方法** 将粘虫板悬挂在植物附近捕捉成虫，或者用稀释的皂基溶液喷洒成虫，这会让它们无法飞行从而阻碍繁殖。在夏天，还可以尝试将受影响的植物摆放在室外，益虫会帮忙控制它们，或者使用杀虫剂。

# 索引

# 致谢

弗兰·贝利深深感谢DK出版社的艾米·斯莱克（Amy Slack）和菲利帕·纳什（Philippa Nash）提供的鼓励和支持；感谢奈杰尔·赖特（Nigel Wright）和罗伯·斯特里特（Rob Streeter），他们的眼光和技能让造景实例栩栩如生；还要感谢凯蒂·米切尔（Katie Mitchell；@bymekatie）的编绳吊篮技艺。

齐娅·奥拉维感谢为了制作这本书而精益求精的整个DK团队，特别是以言语和无尽的耐心提供支持的编辑艾米·斯莱克，以及负责完成美丽的设计方案的克莉丝汀·基尔蒂（Christine Keilty）、曼蒂·厄里（Mandy Earey）和菲利帕·纳什。还要感谢XAB Design设计公司的摄影师罗伯·斯特里特和设计师奈杰尔·赖特及贾妮斯·布朗（Janice Browne）拍摄出了效果出色的照片，以及执行编辑斯蒂芬妮·法罗（Stephanie Farrow）仔细审阅每一页书稿，确保品质不打折扣。还要感谢英国皇家园艺学会的克里斯多夫·扬（Christopher Young）投入的编辑工作和事实核查。最后但绝非最不重要的是，深深感谢她的丈夫布莱恩·诺斯（Brian North）和儿子卡鲁姆·奥拉维·诺斯（Callum Allaway North）在她撰写这本书时表现出的耐心和支持。

DK出版社要感谢艾莱特苗圃公司（Aylett Nurseries）的朱莉·艾莱特（Julie Aylett）、凯西·桑格（Kathy Sanger）、休·尤恩（Sue Unwin）和艾琳娜·莫里斯（Irene Morris）在寻找植物来源方面提供的无穷无尽的建议和帮助；感谢杰米·宋（Jamie Song）、约翰·巴萨姆（John Bassam）和乔（Jo）租赁出他们的家；感谢XAB Design设计公司的贾妮斯·布朗在幕后协调照片拍摄；感谢罗莎蒙德·科克斯（Rosamund Cox）和艾玛·平卡德（Emma Pinckard）提供编辑上的帮助；感谢瓦内萨·伯德（Vanessa Bird）制作索引。

DK还要感谢下列人士慷慨允许复制和使用他们的照片：（注释：a—上；b—下/底；c—中；f—远；l—左；r—右；t—顶）

GAP Photos 图片社：33tc，马丁·休斯－琼斯（Martin Hughes-Jones）33tr，黛安娜·亚兹温斯基（Dianna Jazwinski）45br，林恩·凯蒂（Lynn Keddie）21 bl，霍华德·赖斯（Howard Rice）36br，弗雷德里希·施特劳斯（Friedrich Strauss）17tr，17bl，29tl，29ftl，33bl，37bl，Visions 图片社 20br。

所有其他图片 © Dorling Kindersley
更多信息，见：www.dkimages.com

# 关于作者

**弗兰·贝利（Fran Bailey）** 在英国约克附近的一家切花苗圃长大，在那里，她的荷兰裔父亲雅各布·范霍夫（Jacob Verhoef）培养了她对所有园艺相关事物的热爱。求学于威尔士园艺学院之后，她搬到伦敦，成为一名自由花商。2006年，她在南伦敦开了自己的第一家花店，名叫"鲜花公司"（The Fresh Flower Company）。2013年，她用新开的花店"森林"（Forest）将业务拓展到家居植物领域，这家店是她与自己的女儿们一起经营的，店内绿意盎然，郁郁葱葱。

**齐娅·奥拉维（Zia Allaway）** 是作家、记者和有资质的园艺学家，为英国皇家园艺学会和DK出版社撰写和编辑了一系列园艺图书，包括《皇家园艺学会植物和花卉百科》（*RHS Encyclopedia of Plants and Flowers*）、《皇家园艺学会盆栽植物指南》（*RHS How to Grow Plants in Pots*）和《室内蔬果花园》（*Indoor Edible Garden*）。齐娅还在《家庭和花园》（*Homes and Gardens*）杂志上撰写关于花园设计的每月专栏，并且是《花园设计杂志》（*Garden Design Journal*）的撰稿人。她在位于赫特福德郡的家中提供咨询服务，并为初学者举办实用学习班。

**克里斯多夫·扬（Christopher Young）** 是英国皇家园艺学会设在萨里郡的主力花园威斯利花园（Wisley）的玻璃温室（Glasshouse）的园艺团队负责人。他是一位充满热情的花卉栽培者，对异域植物和蕨类尤其感兴趣，而且还是英国皇家园艺学会不耐寒观赏植物委员会的成员。

**英国皇家园艺学会（RHS）** 是英国首屈一指的园艺慈善机构，致力于提升园艺水平和推广良好的园艺实践。它的慈善工作包括提供专家建议和信息、训练下一代园丁、为儿童创造亲自动手种植植物的机会，以及开展对植物、害虫以及环境问题的研究。

想了解更多信息，请访问网站 www.rhs.org.uk 或致电020 3176 5800。

种植和养护
关于作者

DK Penguin Random House

## 图书在版编目（CIP）数据

DK英国皇家园艺学会家居植物实用百科 / (英) 弗兰·贝利, (英) 齐娅·奥拉维著；王晨译. —— 福州：海峡书局，2021.9（2024.11重印）

书名原文：ROYAL HORTICULTURAL SOCIETY PRACTICAL HOUSE PLANT BOOK

ISBN 978-7-5567-0847-5

Ⅰ.①D… Ⅱ.①弗…②齐…③王… Ⅲ.①观赏园艺 Ⅳ.①S68

中国版本图书馆CIP数据核字(2021)第151801号

Original Title: RHS Practical House Plant Book
Copyright © Dorling Kindersley Limited, 2018
A Penguin Random House Company
Text translated into Simplified Chinese © United Sky (Beijing)
New Media Co., Ltd (2021)
All rights reserved.

著作权合同登记号：图字 13-2021-058

| | | | |
|---|---|---|---|
| 出 版 人：林 彬 | | 责任编辑：廖飞琴 龙文涛 | |
| 选题策划：联合天际·文艺生活工作室 | | 特约编辑：张雪婷 | |
| 美术编辑：程 阁 | | 装帧设计：孙晓彤 | |

DK英国皇家园艺学会家居植物实用百科
DK YINGGUO HUANGJIA YUANYI XUEHUI JIAJU ZHIWU SHIYONG BAIKE

作　者：〔英〕弗兰·贝利 〔英〕齐娅·奥拉维
译　者：王晨
出版发行：海峡书局
地　址：福州市白马中路15号海峡出版发行集团2楼
邮　编：350004
印　刷：北京华联印刷有限公司
开　本：889mm×1194mm 1/16
印　张：14
字　数：170千字
版　次：2021年9月第1版
印　次：2024年11月第5次印刷
书　号：ISBN 978-7-5567-0847-5
定　价：138.00元

关注未读好书

客服咨询